INTERNET DAS COISAS
UMA INTRODUÇÃO COM O PHOTON

M745p Monk, Simon.
　　　　Internet das coisas : uma introdução com o Photon / Simon Monk ; tradução: Anatólio Laschuk.– Porto Alegre : Bookman, 2018.
　　　　xiii, 186 p. : il. ; 25 cm.

　　　　ISBN 978-85-8260-478-6

　　　　1. Programação de computadores. I. Título.

CDU 004.42

Catalogação na publicação: Karin Lorien Menoncin - CRB 10/2147

SIMON MONK

INTERNET DAS COISAS
UMA INTRODUÇÃO COM O PHOTON

Tradução:
Anatólio Laschuk
Mestre em Ciência da Computação pela UFRGS
Professor aposentado do Departamento de Engenharia Elétrica da UFRGS

2018

Obra originalmente publicada sob o título *Getting Started with the Photon*, 1st Edition
ISBN 9781457187018

Authorized Portuguese translation of the English edition © 2015 Maker Media.
This translation is published and sold by permission of O'Reilly Media, Inc., which owns or controls all rights to publish and sell the same.

Portuguese language translation copyright © 2018, Bookman Companhia Editora Ltda., a Grupo A Educação S.A. company.

Gerente editorial: *Arysinha Jacques Affonso*

Colaboraram nesta edição:

Capa: *Paola Manica*

Imagem da capa: *©Simon Monk; photon circuit*

Editoração: *Clic Editoração Eletrônica Ltda.*

Reservados todos os direitos de publicação à
BOOKMAN EDITORA LTDA., uma empresa do GRUPO A EDUCAÇÃO S.A.
A série Tekne engloba publicações voltadas à educação profissional e tecnológica.

Av. Jerônimo de Ornelas, 670 – Santana
90040-340 – Porto Alegre – RS
Fone: (51) 3027-7000 Fax: (51) 3027-7070

SÃO PAULO
Rua Doutor Cesário Mota Jr., 63 – Vila Buarque
01221-020 – São Paulo – SP
Fone: (11) 3221-9033

SAC 0800 703-3444 – www.grupoa.com.br

É proibida a duplicação ou reprodução deste volume, no todo ou em parte, sob quaisquer formas ou por quaisquer meios (eletrônico, mecânico, gravação, fotocópia, distribuição na Web e outros), sem permissão expressa da Editora.

IMPRESSO NO BRASIL
PRINTED IN BRAZIL

Sobre o autor

O Dr. Simon Monk tem o grau de bacharel em Cibernética e Ciência da Computação e é PhD em Engenharia de Software. Ele foi professor universitário durante muitos anos antes de retornar à indústria, tendo sido um dos cofundadores da empresa Momote Ltd, dedicada a software móvel. Desde sua adolescência, ele tem sido um hobbysta muito atuante em eletrônica. Atualmente, é autor em tempo integral e, dentre seus livros, estão *Programação com Arduino: começando com sketches,* 2.ed., *Programação com Arduino II: passos avançados com Sketches, 30 projetos com Arduino, Projetos com Arduino e Android: use seu smartphone ou tablet para controlar o Arduino,* publicados pela Bookman Editora. Você poderá obter mais informação sobre seus livros no site *http://www.simonmonk.org* e segui-lo no Twitter (@simonmonk2).

Apresentação

Segundo a publicação *MIT Technology Review*, 2013 foi o ano da Internet das Coisas – IoT (Internet of Things). No ano seguinte, a Cisco afirmou que 2014 foi o ano da Internet das Coisas. No ano corrente (2015), a empresa de TV a cabo CNBC diz que 2015 é o ano da Internet das Coisas. É bem provável que cada ano da próxima década seja o "ano da Internet das Coisas". Porém, o que isso significa exatamente?

A Internet das Coisas (Internet of Things), ou simplesmente IoT, é um conceito amplo sugerindo que mais e mais objetos ao nosso redor irão se conectar entre si pela Internet à medida que o custo da conectividade for baixando. Estamos acostumados a pensar na Internet em termos de dispositivos com tela: seu computador pessoal, por exemplo, e seu smartphone. A Internet das Coisas inclui dispositivos que normalmente você não pensaria em conectar à Internet, incluindo categorias como: *wearables* ou dispositivos vestíveis (Fitbit, relógios inteligentes), casa inteligente (luminárias, eletrodomésticos e brinquedos conectados), a Internet industrial (sistemas de feedback em turbinas eólicas), cidades inteligentes (parquímetros e semáforos conectados), fazendas inteligentes (sistemas de irrigação conectados) e muito mais. A Internet das Coisas é difícil de ser definida devido à sua extensão, mas a linha comum é que coisas que antes não estavam conectadas agora estão se conectando entre si.

Acredito que a Internet das Coisas é a terceira onda da computação pessoal (a primeira é o computador pessoal – PC – e a segunda é o smartphone). E, diferentemente do que diz as publicações técnicas, eu não creio que já atingimos o "ano da Internet das Coisas". Eu acredito que ainda estamos nos dias de construir protótipos, em que a maioria dos produtos de IoT que estão chegando ao mercado são apenas os primeiros experimentos que dentro de alguns anos abrirão caminho para um ecossistema amplo e vibrante. Isso foi como o início dos anos 90 para a Internet ou o início dos anos 2000 para os smartphones.

E, como com os PCs e os smartphones, o crescimento rápido que estamos presenciando agora – e que continuaremos a ver durante a próxima década – proporcionará inúmeras oportunidades para as pessoas que primeiro se atirarem na IoT. Indústrias se transformarão, empregos serão criados e fortunas serão ganhas e perdidas.

Este livro é sobre uma ferramenta: o Photon. O Photon é um kit simples de desenvolvimento, mas que representa um ponto de partida e que pode levá-lo para muito mais além. A sua jornada pode iniciar com um Photon e terminar simplesmente em um sistema conectado à Internet capaz de abrir e fechar a garagem de sua casa. Por outro lado, pode terminar também em um sistema de controle de abertura de porta de garagem conectado à Internet, mas que você colocará à venda no mercado para centenas de milhares de pessoas ao redor do mundo.

Para você, caro leitor, o "ano da Internet das Coisas" será o ano em que você se juntar à IoT. Cada grande empresa começa como uma ideia e cada grande produto começa como um protótipo. O que você fará primeiro?

Zach Supalla,
Fundador e Diretor Executivo da empresa Particle*

---

*N. de T.: A empresa Particle é a fabricante do Photon.

Prefácio

O Nome Spark é o quê?

Este livro foi escrito quando a organização Spark alterou seu nome para Particle. Como resultado, é possível que você ainda veja algumas figuras de tela com o nome antigo da empresa. Elas foram obtidas antes que a nova interface de web estivesse disponível. Você também verá que alguns códigos de programa usam nomes de classe e bibliotecas de códigos de terceiros que ainda mostram o nome Spark. A curto prazo, esses códigos funcionarão corretamente, mas no futuro poderão se tornar obsoletos. Acompanhe as informações sobre atualizações desses códigos no site da Particle (*https://www.particle.io*).

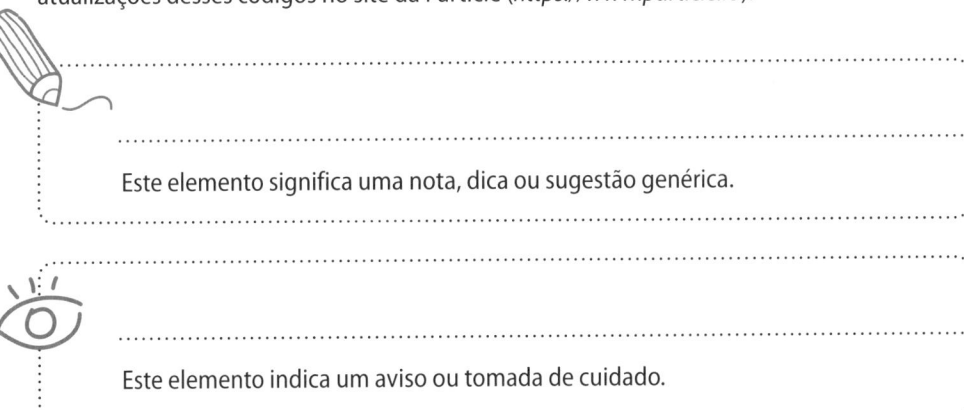

> Este elemento significa uma nota, dica ou sugestão genérica.

> Este elemento indica um aviso ou tomada de cuidado.

Usando Exemplos de Códigos de Programa

Os exemplos de código estão todos disponíveis como uma biblioteca de códigos diretamente no ambiente de desenvolvimento Web IDE*. Esses códigos também estão disponíveis para download na página *https://github.com/simonmonk/photon_book*.

---

*N. de T.: No Capítulo 2, o Web IDE da Particle será apresentado.

Este livro foi escrito para ajudá-lo a realizar seu trabalho. De forma geral, você pode usar os códigos deste livro em seus programas e em sua documentação. Você não precisa nos contatar pedindo permissão a menos que você esteja reproduzindo uma porção significativa dos códigos. Por exemplo, se você escrever um programa que utiliza diversos trechos de código deste livro, você não precisará de autorização. Entretanto, se você vender ou distribuir um CD-ROM de exemplos copiados dos livros editados pela revista Make:, então você necessitará sim de autorização. Se você responder a uma pergunta citando esse livro e seus exemplos de código, você não precisará de autorização, mas, se você incluir na documentação do seu produto uma quantidade significativa de exemplos de códigos obtidos neste livro, então você necessitará sim de autorização.

Se você sentir que seu uso dos exemplos deste livro está saindo do aceitável ou da permissão dada aqui, sinta-se à vontade para nos contatar em *bookpermissions@makermedia.com*.

Nós apreciaremos, mas não estamos exigindo, que, quando for o caso, este livro seja mencionado. A referência a ele pode ser incluída desta forma: MONK, S. Internet das Coisas: Uma Introdução com o Photon. Porto Alegre: Bookman, 2018. 200 p. (Série Tekne).

Sumário

capítulo 1
O Photon **1**
IoT – A Internet das Coisas 2
Sparks nas Nuvens 2
Outras Plataformas de IoT 4
    Arduino 4
    Raspberry Pi e BeagleBone 6
    Intel Edison 7
Um Passeio pelo Photon 7
Programando 9
Resumo 10

capítulo 2
Começando Logo com o Photon **11**
Criando uma Conta 12
Conexão por WiFi 12
    Conectando um Photon 13
Controlando os Pinos do Photon com Tinker 18
Projeto 1. Fazendo o LED Azul Piscar 22
Projeto 2. Controlando o LED RGB do Photon ... 25
Resumo 27

capítulo 3
Programando o Photon **29**
O Web IDE 30
Codificando um Aplicativo 32
Comentários 35
Variáveis 37
Código Morse 38
SOS Luminoso 39
Funções 42
Tipos de Variáveis 45
    O Tipo int 47
    O Tipo float 47
    Outros Tipos 48
Arrays 48
Laços de Repetição 50

Strings 51
Comandos do Tipo if 52
Projeto 3. Código Morse Luminoso 53
    Software 54
Resumo 57

capítulo 4
Protoboard **59**
Como um Protoboard Funciona 60
Conectando um LED 62
Saídas Digitais 63
Projeto 4. Código Morse Luminoso
(com LED Externo) 63
    Componentes 64
    Hardware 64
    Software 64
Acrescentando uma Chave 66
Entradas Digitais 68
Projeto 5. Código Morse Luminoso com Chave .. 69
    Componentes 69
    Software 69
    Hardware 70
    Colocando o Projeto em Funcionamento 70
Saídas Analógicas 71
    Comando analogWrite 73
    Um Exemplo 73
    Uma Saída Analógica Verdadeira 75
Resumo 75

capítulo 5
A Internet das Coisas **77**
Funções 78
Projeto 6. Controlando um LED pela Internet ... 80
    Software 80
    Segurança 81
    Experimentando 83
    Interagindo com o Comando loop 84
Executando Funções a partir de uma Página da Web 86

Projeto 7. Controlando Relés a partir de uma Página da Web 89
    Componentes 91
    Projeto 93
    Construção 94
    Software 95
Projeto 8. Mensagens de Texto em Código Morse 101
    Componentes 101
    Software 101
    Hardware 105
    Usando o Projeto 106
Variáveis 106
Entradas Analógicas 107
Projeto 9. Medindo a Luz pela Internet 109
    Componentes 110
    Software 111
    Hardware 114
    Usando o Projeto 116
Projeto 10. Medindo a Temperatura pela Internet 116
    Componentes 117
    Software 118
    Hardware 120
    Usando o Projeto 120
Resumo 123

capítulo 6
If This Then That 125
O Serviço de Internet IFTTT 126
Projeto 11. Alertas de Temperatura por E-mail 126
Projeto 12. Acionando uma Campainha a partir de Tweets 134
    Software 135
    IFTTT 136
    Hardware 137
    Usando o Projeto 137
Projeto 13. Transmitindo E-mails em Código Morse Luminoso 138
    Software 139
    Hardware 139
    IFTTT 139
    Usando o Projeto 140
Resumo 140

capítulo 7
Robótica 141
Projeto 14. Robô Controlado pela Web 142
    Componentes 142
    Software (Photon) 143
    Software (Página da Web) 146
    Hardware 148
    Usando o Projeto 150
Resumo 151

capítulo 8
Comunicação Máquina–Máquina 153
Comandos Publish e Subscribe 154
Exemplo de Monitoramento de Temperatura 154
IFTTT e Publish/Subscribe 158
Publish/Subscribe Avançados 159
    Comando Publish 159
    Comando Subscribe 160
Projeto 15. Corda Mágica 160
    Componentes 162
    Software 163
    Hardware 165
    Usando o Projeto 168
Resumo 168

capítulo 9
Photon Avançado 169
Configurando um Photon Usando USB 170
Inicialização de Fábrica 173
Programando um Photon Usando Particle Dev 173
Depurando com o Monitor Serial 174
O Electron 175
Gerenciamento de Energia 175
Resumo 176

apêndice A
Componentes 177
Componentes Eletrônicos 178
    Módulos e Shields 179
    Hardware e Conectores 179
    Outros 179

apêndice B
**Códigos Luminosos do
LED RGB do Photon 181**

Sequência de Inicialização (Reset) 182
Outros Códigos de Status 182
Códigos de Erro 182

apêndice C
Pinos do Photon 185

CAPÍTULO 1

O Photon

Neste capítulo, você aprenderá algumas coisas sobre a Internet das Coisas em geral e sobre o Photon em particular. Exploraremos a origem do Photon e as motivações de sua criação além de vermos qual é sua posição dentro do universo das placas de desenvolvimento.

OBJETIVOS DE APRENDIZAGEM

» Conhecer o que é a Internet das Coisas (IoT).
» Conhecer como o Photon surgiu e seu uso como plataforma para IoT.
» Conhecer outras plataformas para IoT.
» Conhecer os recursos do Photon.
» Conhecer como é feita a programação do Photon.

>> IoT – A Internet das Coisas

Até recentemente, a única forma de se interagir com a Internet era usando um navegador de web. Assim, o navegador permitia que o computador enviasse solicitações para um servidor de web que, por sua vez, respondia enviando de volta um conjunto de informações para ser exibido.

O navegador exibia essas informações na tela de um computador e o usuário digitava mensagens em seu teclado, além de seguir links clicando no mouse. Essas eram as opções disponíveis em relação a entradas e saídas.

A Internet das Coisas (IoT – Internet of Things) alterou completamente essa situação. Agora, todos os tipos de sensores e eletrodomésticos podiam ser conectados à Internet. A IoT abrange uma ampla variedade de sistemas:

- Sistemas de automação residencial que controlam a iluminação, o aquecimento e as portas usando navegadores de web ou aplicativos de smartphone capazes de operar em rede. Eles são usados para controlar sistemas através da rede local ou através da Internet usando WiFi ou uma rede baseada em celular.
- *Arrays* de sensores, como o sistema aberto de monitoramento de radiação Safecast. Esse sistema foi desenvolvido por ocasião do desastre nuclear de Fukushima.

Produtos e projetos do movimento Make, que estão se tornando parte da IoT, surgem em todos os lugares. Entre eles, encontramos projetos bem sucedidos como o termostato inteligente Nest e muitos produtos de IoT que usam o acelerômetro, os serviços de localização e os recursos de comunicação dos smartphones para capturar informações sobre os níveis de atividade e a saúde das pessoas.

Como há muitas pessoas envolvidas na criação de projetos de IoT, é perfeitamente possível pensar em oferecer um ambiente modular simples, de hardware e software, que pode ser disponibilizado na forma de um kit de tecnologia IoT simples de usar. É exatamente aqui que entra a empresa Particle, a fabricante do Photon. Ela oferece a tecnologia IoT na forma de um kit – uma caixa pequena e de baixo custo. Mais ainda, a tecnologia é de fácil uso, aberta e baseada no ambiente de software do popular Arduino.

>> Sparks nas Nuvens

O Photon é o componente de hardware desse ambiente de tecnologia IoT, sendo a geração mais recente da plataforma IoT da Particle que iniciou com o Spark Core. Como o Photon é compatível com o Spark Core, a maioria do que é tratado neste livro a respeito do Photon também poderá servir para o Spark Core.

Embora haja muitas tecnologias diferentes que podemos adotar para construir dispositivos IoT, é muito comum elas não oferecerem o ambiente de software necessário para que os dispositivos comuniquem-se com outros dispositivos e navegadores através da Internet. Por outro lado, a abordagem adotada pela Particle torna possível uma integração perfeita entre hardware e software.

A Figura 1-1 mostra como um dispositivo IoT típico, construído com um Photon, pode interagir com a Internet.

Um dispositivo IoT que usa um Photon pode comandar a abertura de uma porta localizada em algum lugar remoto. Para isso, usando um navegador de web, o usuário acessa uma página e clica em um botão denominado ABRIR. Essa página é gerenciada por um servidor de web que está em algum lugar na Internet. Quando o usuário clica no botão ABRIR, uma mensagem é enviada para o serviço de nuvem que, por sua vez, a repassa para o Photon, que está instalado e funcionando dentro do dispositivo de comando da porta. Agora, o Photon, que controla a fechadura elétrica da porta, sabe que deve abrir a porta.

Por outro lado, se o dispositivo de IoT estiver funcionando como sensor – digamos, de temperatura – então o Photon poderá enviar as leituras de temperatura para um serviço de nuvem. Essas leituras poderiam ser armazenadas temporariamente até que o navegador do usuário tivesse a oportunidade de buscá-las e exibir a última dessas leituras em uma janela.

Para usar o serviço de nuvem da Particle, primeiro você deve fazer seu registro online na Particle e em seguida confirmar cada um de seus Photons. Os próprios Photons se registram sozinhos no serviço de nuvem como sendo seus. Tudo que os Photons precisam fazer para

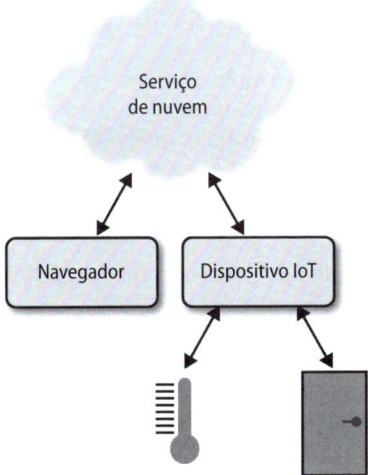

Figura 1-1 ≫ Comunicação na Internet das Coisas.

se registrar é ter acesso à sua rede WiFi. Esse processo garantirá que você saiba exatamente com que Photon você está interagindo num dado momento como também lhe permitirá programar confortavelmente seus Photons pela Internet usando seu navegador de web.

Outras Plataformas de IoT

Antes de nos jogarmos na piscina de água aquecida e agradável que é o Photon, vale a pena conhecer alguns dos competidores do Photon. Assim conheceremos também algumas das motivações que estão por trás do projeto do Photon.

Naturalmente, o Photon não é o único dispositivo IoT disponível no mercado. De fato, a placa mais usada no desenvolvimento de projetos IoT é a placa microcontrolada do Arduino, embora o computador Raspberry Pi, contido em uma única placa, também seja amplamente usado em projetos de IoT.

Arduino

Basicamente, um microcontrolador é um computador de baixo consumo contido em um chip. Você pode conectar circuitos eletrônicos a seus pinos de entrada e saída, permitindo que ele possa *controlar* coisas. O Arduino é uma placa de baixo custo, simples de usar, e pronta para ser utilizada em projetos nos quais você deseja usar microcontroladores.

O Arduino transformou-se na plataforma mais escolhida por projetistas que precisam utilizar microcontroladores em seus projetos. O modelo de Arduino mais usado é o Arduino Uno.

A popularidade do Arduino deve-se a muitos fatores:

- Baixo custo (em torno de 35 dólares no caso de um Arduino Uno original)
- Projeto de hardware aberto – não há segredos em relação a seu projeto e software embutido
- Ambiente de desenvolvimento integrado permitindo programar facilmente o Arduino
- *Shields* (placas) que se encaixam no topo do Arduino e ampliam seus recursos, como displays e acionadores de motores

Entretanto, há um fator que impede o funcionamento autônomo de um Arduino Uno como dispositivo IoT: ele não tem conexão de rede, com ou sem fio. Para se conectar, são necessários modelos especializados de Arduino, que dispõem de uma porta Ethernet de rede (como o Arduino Ethernet ou Yun), ou pode-se acrescentar um shield WiFi ou Ethernet, que fará a conexão de rede necessária para que o Arduino se comunique através da Internet. Isso significa um aumento considerável no tamanho e no custo de seu projeto.

A Figura 1-2 mostra um Arduino Uno com um shield WiFi instalado. O custo total dessa combinação está acima de 100 dólares.

Uma outra possibilidade é usar o Arduino Yun. Esse dispositivo tem o mesmo tamanho do Arduino Uno, mas tem um módulo WiFi interno. Assim, nesse caso, temos recursos de hardware similares aos do Photon. Entretanto, o seu custo é muito mais elevado, chegando a algo em torno de 75 dólares.

Todas essas soluções baseadas em Arduino sofrem de uma grande desvantagem para serem usadas como plataforma de IoT: o software. Essas soluções oferecem todos os recursos de base para se comunicar com a Internet, mas não oferecem nenhuma estrutura de software para facilitar a criação de projetos IoT sem que o projetista tenha que desenvolver uma programação de rede de grande porte e complexa.

Figura 1-2 >> Um Arduino Uno com um shield WiFi.

Mais adiante, você verá como o Photon usa muitos dos conceitos do Arduino, incluindo sua linguagem de programação, além de proporcionar uma estrutura de software com a qual você pode construir seus projetos de IoT a um custo muito inferior aos que teríamos com um Arduino.

Raspberry Pi e BeagleBone

O Raspberry Pi e o BeagleBone (Figura 1-3) são computadores em uma única placa do tamanho de um cartão de crédito que executam o sistema operacional Linux. Eles têm portas USB e saída de vídeo HDMI, de modo que você pode conectar teclado, mouse e monitor e usá-los como um computador comum.

Na Figura 1-3, o Raspberry Pi é mostrado à esquerda e o BeagleBone, à direita. Ambas as placas podem usar adaptadores USB de WiFi de baixo custo e ter pinos de entrada e saída para controlar circuitos eletrônicos e interfaces com sensores, tornando-os bem adequados para projetos de IoT.

Embora ambas as placas sejam baratas – o Raspberry Pi a partir de 35 dólares e o BeagleBone a partir de 55 dólares –, elas têm tamanho grande quando comparadas com um Photon e geralmente contêm muito mais do que você necessita para um projeto simples de IoT.

Figura 1-3 >> Um Raspberry Pi e um BeagleBone.

» Intel Edison

A Intel desenvolveu uma pequena placa baseada em Linux de nome Edison. Essa placa foi projetada para ser embutida em projetos de IoT e é, talvez, o competidor mais direto do Photon.

O Edison é pequeno, mas é consideravelmente mais caro do que o Photon. Ele apresenta um conector frágil de 70 pinos que exige uma placa separada quando desejamos conectar circuitos eletrônicos externos. Para isso, há diversas placas disponíveis, sendo que a mais popular é uma compatível com o Arduino.

Mesmo tendo recebido muito interesse por parte da comunidade Maker, essa placa provavelmente será mais adequada ao uso profissional ou no desenvolvimento de dispositivos de alto padrão, sem levar em consideração que se trata de uma placa bem mais complexa para ser usada.

» Um Passeio pelo Photon

A Figura 1-4 mostra um Photon com a indicação de seus principais recursos.

No Photon, há dois botões, Setup e Reset, que permitem entrar com novos pontos de acesso WiFi, além de reinicializar (reset) seu dispositivo. Usados conjuntamente, os dois botões podem ser utilizados para fazer uma reinicialização completa de fábrica. Entre esses dois botões, há um LED RGB colorido denominado LED de status, usado para indicar o que o Photon está fazendo. (Ver Apêndice B.)

Na parte de cima da placa, você encontra a porta USB. A razão principal dessa porta é fornecer energia elétrica ao Photon, mas ela também pode ser usada na comunicação com um computador e na programação do Photon (veja Capítulo 9) usando um cabo USB.

Movendo-se ao redor da placa no sentido horário, você encontra os pinos de alimentação elétrica (3V3, VBAT, GND) e de Reset ou reinicialização (RST). O Photon converte a alimentação elétrica fornecida através da porta USB, ou pelo pino VIN (na parte de cima do lado esquerdo do Photon), em uma tensão de 3,3V (volts) usada na placa. Essa tensão está disponível no pino 3V3, na parte bem de cima do lado direito. A lógica opera com 3,3V em vez dos 5V que você talvez esteja acostumado a utilizar em um Arduino. O pino RST pode ser usado com um botão Reset, que ao ser pressionado faz a tensão nesse pino baixar para 0 volts (terra elétrico) ou GND. Isso pode ser útil caso você aloje seu projeto em algum tipo de recipiente, como em uma caixa de proteção. Fora desse caso, é improvável que você use esse pino.

O pino VBAT permite que uma pequena bateria de reserva (ou supercapacitor) seja acoplada ao Photon para alimentá-lo com energia elétrica enquanto ele permanece no modo de "sono profundo". Isso preserva sua memória, de modo que quando ele "acordar" ele poderá continuar a partir do ponto em que estava quando entrou em sono profundo.

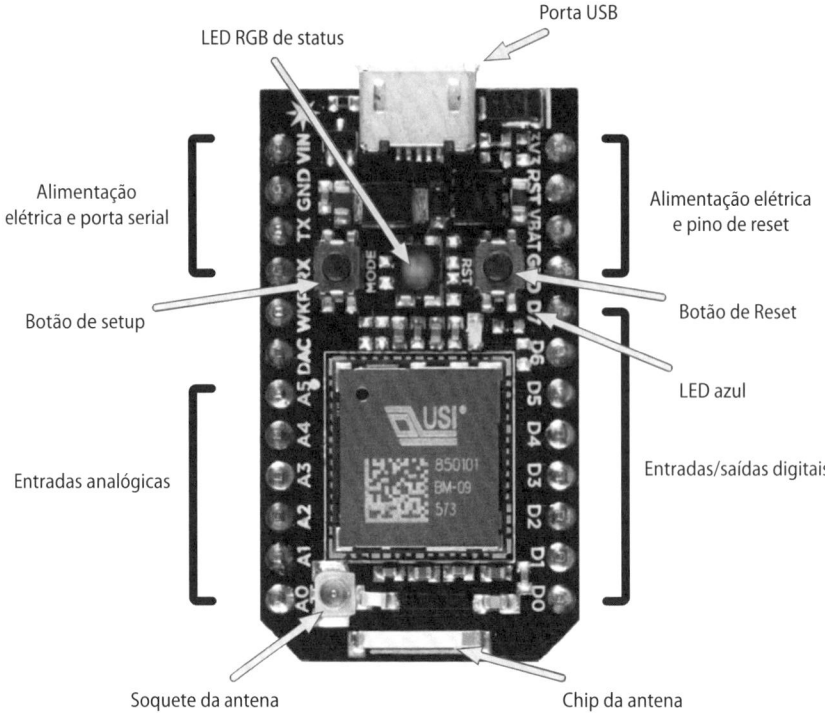

Figura 1-4 >> O Photon.

Os pinos D0 a D7 são pinos de entrada e saída de uso geral (GPIO)* em que cada pino pode operar separadamente como entrada ou como saída digital (veja o Capítulo 4). Alguns desses pinos podem atuar também como saídas analógicas (pinos D0 a D3) usando uma técnica denominada modulação por largura de pulso (PWM)**. Há um LED azul próximo do pino D7 que está conectado a esse pino D7. Você poderá acendê-lo ou apagá-lo a partir de seus programas ou pelo aplicativo Tinker em seu smartphone.

O Photon tem um chip de antena interna que funcionará bem na maioria das situações envolvendo WiFi, mas o Photon também tem um pequeno soquete de antena no qual uma antena externa pode ser conectada. Isso é útil para ampliar o alcance WiFi do dispositivo acrescentando uma antena mais sensível ou direcional. Automaticamente, o Photon tenta escolher a antena de melhor desempenho, mas você pode controlar qual antena deve ser usada por meio de firmware.

Em princípio, os pinos A0 a A5 são entradas analógicas que podem medir tensões entre 0 e 3,3V (volts). Esses pinos costumam ser usados com sensores. Por exemplo, no Capítulo 6 você usará um sensor de luz com um desses pinos. Os pinos analógicos também podem ser usados como entradas ou saídas digitais, exatamente como os pinos D0 a D7. Além disso, dois dos

---

* N. de T.: GPIO de General Purpose Input/Output ou Entrada e Saída de Propósito Geral.
** N. de T.: PWM de Pulse Width Modulation ou Modulação por Largura de Pulso.

pinos analógicos (A4 e A5) também podem ser usados como saídas analógicas do tipo PWM, como nos pinos digitais.

O pino DAC* (Conversor Digital-Analógico) é um pino especial para saída analógica. Trata-se de uma saída analógica verdadeira (diferente de PWM) que pode assumir qualquer valor de tensão entre 0 e 3,3V.

O pino WKP (Wake Up ou acordar) é usado para "acordar" o Photon depois de ele ter entrado sozinho em modo de "sono profundo". Isso é possível por meio de programas escritos com a finalidade de colocar o Photon em sono profundo durante algum tempo, além de tornar prático o uso de baterias para executar esses programas nos casos em que o consumo de energia elétrica precisa ser minimizado. Os pinos WKP, RX e TX também podem ser usados como GPIO.

Os pinos TX e RX (Transmitir e Receber) são usados na comunicação serial. Isso é útil na conexão de um Photon com certos tipos de periféricos, como os módulos de GPS com interface serial.

Acima desses pinos, há outro pino GND (Ground ou terra) e o pino VIN. Para fornecer alimentação elétrica no lugar da porta USB, você poderá aplicar uma tensão entre 3,6V e 5,5V nesse pino VIN.

Programando

A empresa Particle fez um grande esforço para tornar a programação do Photon o mais fácil possível. Para isso, ela oferece um ambiente de desenvolvimento de uso muito simples que utiliza a linguagem C do Arduino como base para a linguagem de programação do Photon.

Como o Photon é um dispositivo de Internet, faz sentido programar esse dispositivo através da Internet. Desse modo, na maior parte do tempo, você escreverá o código para seu Photon em um navegador de web e então o enviará para esse Photon, que estará atento aguardando por isso. Um ambiente de programação *offline* também está disponível para usuários mais avançados (veja o Capítulo 9).

Para aqueles que estão pensando em usar o Photon em aplicações comerciais, a capacidade de atualização através da Internet é incrivelmente poderosa porque permite atualizações remotas do software do Photon em qualquer lugar do mundo.

Essa capacidade pode causar preocupação. Afinal, se o Photon estiver controlando a porta da frente ou o aquecimento de sua casa, você não desejará que alguém atualize seus Photons, dizendo-lhe para abrir suas portas e colocar o aquecimento no máximo. Felizmente, diversos

---

*N. de T.: DAC de Digital to Analog Converter.

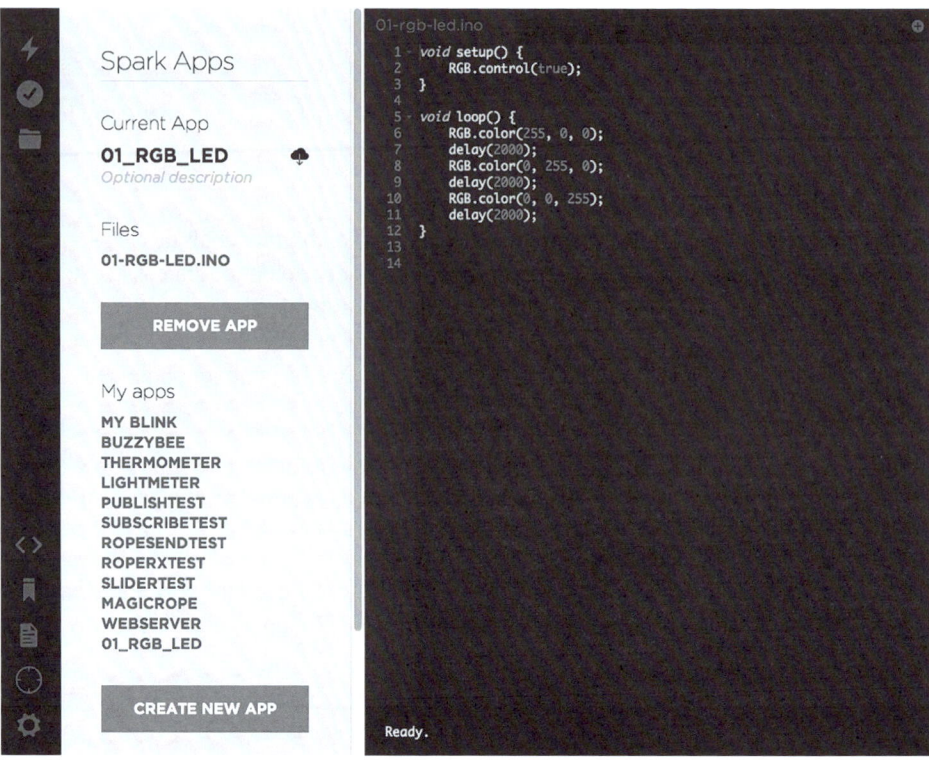

Figura 1-5 ≫ O Web IDE da Particle.

mecanismos de segurança podem ser usados para deixar o Photon mais seguro, como o Secure Sockets Layer (SSL) na comunicação e as chaves de autenticação que garantem que só você possa atualizar seus Photons.

A Figura 1-5 mostra o Ambiente Integrado de Desenvolvimento "Web IDE" (Web Integrated Development Environment)* da Particle para o Photon. Esse ambiente opera através da web.

O Web IDE permite que você escreva um código de programa e o envie a um de seus Photons através da Internet.

≫ Resumo

Agora, você deve estar ansioso para começar a usar seu Photon. No Capítulo 2, você aprenderá a colocar em funcionamento seu Photon e a instalar o seu primeiro programa.

---

*N. de T.: O Web IDE tem a mesma função do IDE do Arduino, mas no caso do Photon o Web IDE opera através da Internet.

CAPÍTULO 2

Começando Logo com o Photon

Neste capítulo, você começará a usar seu Photon. Se este for seu primeiro contato com programação e com esse tipo de tecnologia, então simplesmente siga as instruções. Se aparecerem coisas que você não consegue entender, não se preocupe; elas serão explicadas mais adiante. Neste capítulo, você começará criando uma conta no serviço de nuvem da Particle (Particle Cloud). A seguir, você conectará seu Photon a esse serviço e finalmente você programará seu Photon.

OBJETIVOS DE APRENDIZAGEM

» Preparar o Photon para se conectar a uma rede WiFi usando um Smartphone.
» Conectar o Photon ao serviço de nuvem IoT da Particle.
» Controlar os pinos de um Photon usando o aplicativo Tinker.
» Fazer a programação completa do Photon em dois exemplos que usam LEDs.

Criando uma Conta

Quando você compra um Photon, você também ganha acesso aos serviços de nuvem da Particle. Para utilizá-los, primeiro você deve se registrar criando uma conta. Esse registro é essencial porque permitirá que você configure e programe remotamente seus Photons pela Internet.

É também por meio do serviço de nuvem que um Photon se comunica com aplicativos e outros Photons.

Portanto, como primeiro passo, você deve criar uma conta (CREATE AN ACCOUNT) entrando em *https://login.particle.io/signup*. O procedimento é simples, bastando preencher os campos e no final clicar em SIGN UP (Registrar-se).

Após criar sua conta no site da Particle, você contará com diversos recursos como desenvolvimento e programação, documentação, fórum de discussão, etc. A página geral de acesso é *www.particle.io*. Entre outras opções oferecidas, interessa-nos especialmente a opção FOR DEVELOPERS (Para Desenvolvedores). Passe o cursor sobre essa opção e aparecerá um menu com diversas possibilidades. A opção WEB IDE é a que usaremos em breve no desenvolvimento de nosso primeiro projeto. Web IDE é o ambiente de desenvolvimento via web que já foi mencionado no Capítulo 1.

Conexão por WiFi

Você poderá programar um Photon localmente usando um computador ou diretamente com a nuvem Particle usando WiFi. A programação local será vista mais adiante no Capítulo 9. Aqui trataremos da programação via WiFi.

Como o Photon é um dispositivo que trabalha na Internet, faz sentido programá-lo pela própria Internet. Para isso, o Photon deve estar conectado à Internet por meio de uma rede WiFi (possivelmente uma rede doméstica), sendo necessário que o Photon conheça o nome dessa rede (SSID) e a senha de acesso.

Como você já observou, o Photon não tem teclado nem display. Portanto, é necessário dispor de algum meio para passar os dados da rede ao Photon.

>
> ### REDES WIFI COM TELAS DE LOGIN
>
> Conectar-se a uma rede WiFi doméstica para acessar diretamente a Internet não é problema para o Photon. A conexão também funciona quando você usa seu celular como ponto de acesso WiFi à Internet.
>
> Entretanto, se você estiver tentando usar seu Photon em, digamos, um hotel ou alguma rede pública que exige, após entrar na rede WiFi, que você preencha os campos de uma tela de login, então provavelmente você não conseguirá se conectar.

Conectando um Photon

Para o Photon se conectar à rede WiFi, será necessário energizá-lo ligando-o por meio de um cabo USB a um computador. A finalidade dessa conexão é apenas fornecer energia elétrica. Não há dados circulando no cabo USB*.

O processo de registro e conexão de um Photon dá-se por etapas. No final desse processo, o Photon será capaz de se conectar diretamente ao serviço de nuvem da Particle por meio de uma rede WiFi sempre que for energizado. Para isso, é necessário que o Photon conheça o nome da rede WiFi e da senha de acesso. Antes de usarmos o Photon pela primeira vez, utilizaremos um aplicativo especial de smartphone que se conectará diretamente com o Photon e passará esses dados.** É importante ter em conta que, quando o Photon é energizado, ele ativa seu próprio ponto de acesso WiFi que, no nosso caso, passa a ser "ouvido" pelo smartphone.

Para começar, instale o aplicativo Particle*** em seu smartphone, baixando-o da web.

As etapas necessárias para que o aplicativo Particle passe para o Photon o nome da rede WiFi e sua senha são:

1. O celular deve ser conectado temporariamente à rede WiFi do Photon (ponto de acesso soft).
2. Selecione a rede WiFi que o Photon deverá utilizar para se conectar à nuvem. O Photon anotará o nome e a senha dessa rede.
3. Deixe o Photon se conectar sozinho a essa rede WiFi para, em seguida, fazer seu registro no serviço de nuvem da Particle.

---

*N. de T.: Poderíamos usar também uma bateria, dispensando o cabo USB e tornando-o completamente autônomo.
**N. de T.: No Capítulo 9, veremos como isso também pode ser feito sem usar um smartphone.
***N. de T.: Quando for buscar esse aplicativo, procure por "Particle Photon" para facilitar a busca.

Quando você começar a usar o aplicativo Particle, você deverá fazer login usando os dados de registro da conta que você criou anteriormente no serviço de nuvem da Particle, como já vimos antes na seção "Criando uma Conta" (veja a Figura 2-1).

A seguir, surgirá uma tela listando os seus dispositivos (YOUR DEVICES), ou seja, os que você já registrou anteriormente. Como você ainda não configurou nenhum Photon, a lista estará vazia. Haverá também a opção de sair do aplicativo (LOG OUT).

Na mesma tela, na parte de baixo aparecerá um botão com o sinal + que é clicado quando você deseja acrescentar um novo dispositivo. Depois de clicar nesse botão, a tela mostrará três opções para você configurar (Set up) um dispositivo Photon ou Electron ou Core. No nosso caso, você escolherá SET UP A PHOTON (veja a Figura 2-2).

Figura 2-1 >> Fazendo login no aplicativo Particle.

Figura 2-2 >> Optando por configurar um Photon.

Como resultado, aparecerá uma tela com a mensagem TIME TO SET UP YOUR PHOTON! (Momento de configurar seu Photon!). Aparecerão também algumas orientações (veja a Figura 2-3):

- energize seu Photon conectando o cabo USB,
- o LED RGB deverá estar piscando na cor azul,
- caso esse Photon já tenha sido registrado antes, mantenha pressionado o botão SETUP do Photon por três segundos para configurá-lo novamente,
- assegure-se de que seu smartphone esteja conectado à Internet, ou seja, sua rede doméstica WiFi deve estar operando e
- clique no botão READY (Pronto).

Na tela seguinte, aparecerá uma lista de Photons que estão sendo "ouvidos" (via WiFi) pelo smartphone. Deverá constar o nome do Photon que você está configurando. Esse nome

Figura 2-3 >> Preparando a configuração do Photon.

tem o formato "Photon-XXXX" onde XXXX é uma sequência qualquer de letras. Clique para selecioná-lo (veja a Figura 2-4, em que temos Photon-DTMU).

A seguir, teremos uma tela com o nome da sua rede doméstica WiFi. Essa é a rede que seu smartphone usa para navegar na Internet. O aplicativo está supondo que o Photon também utilizará essa mesma rede WiFi para se conectar com a nuvem Particle. Confirme, clicando nessa opção (veja a Figura 2-5, na qual temos neste exemplo a rede *alfa01*).

Na continuação, o aplicativo solicitará a senha da sua rede WiFi. Finalize, clicando em CONNECT (Conectar). Se preferir, você poderá trocar de rede clicando em CHANGE NETWORK.

Como resultado, começará o procedimento de conexão do Photon diretamente com a nuvem através de sua rede WiFi doméstica. Cada passo é destacado e o processo pode levar em torno de um minuto. A qualquer momento você pode interromper clicando em CANCEL (veja a Figura 2-6).

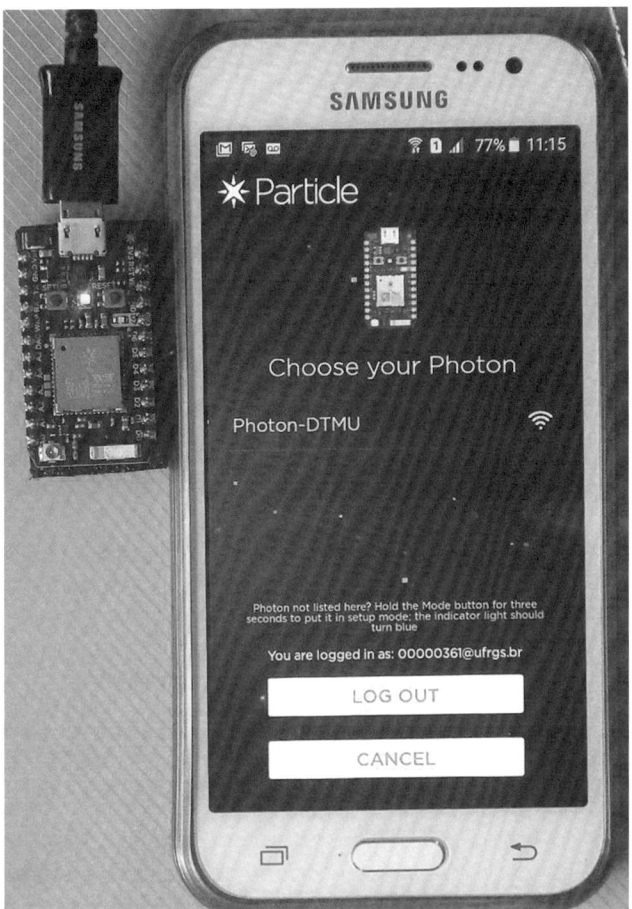

Figura 2-4 >> Escolhendo o Photon que está sendo configurado.

Finalmente, vem uma tela avisando que a configuração foi completada de forma bem-sucedida (SET UP COMPLETED SUCCESSFULLY) e solicitando que você dê um nome ao seu novo dispositivo (NAME YOUR NEW DEVICE). Termine clicando em DONE (veja a Figura 2-7, em que o nome do Photon será TON77).

A próxima tela mostrará seus dispositivos (YOUR DEVICES) com o nome do Photon que você acabou de configurar. Essa é a mesma lista que apareceu quando você inicialmente fez login no aplicativo. A diferença é que antes essa lista estava vazia (veja a Figura 2-8). Observe se em cima, à direita, aparece o nome TINKER. Se esse nome não aparecer, simplesmente siga adiante.

Dessa forma, completamos o registro de seu novo Photon na nuvem Particle e agora ele está disponível para participar de seus projetos.

Figura 2-5 >> Escolhendo a rede que o Photon utilizará.

>> Controlando os Pinos do Photon com Tinker

Antes de escrever seu primeiro programa no Projeto 1, você poderá utilizar seu smartphone e um recurso denominado Tinker para testar o Photon. Esse recurso está disponível como parte do aplicativo Particle que você acabou de utilizar para registrar seu novo Photon. Ele pode ser ativado clicando no nome TINKER que aparece à direita no topo da tela YOUR DEVICES (veja a Figura 2-8).

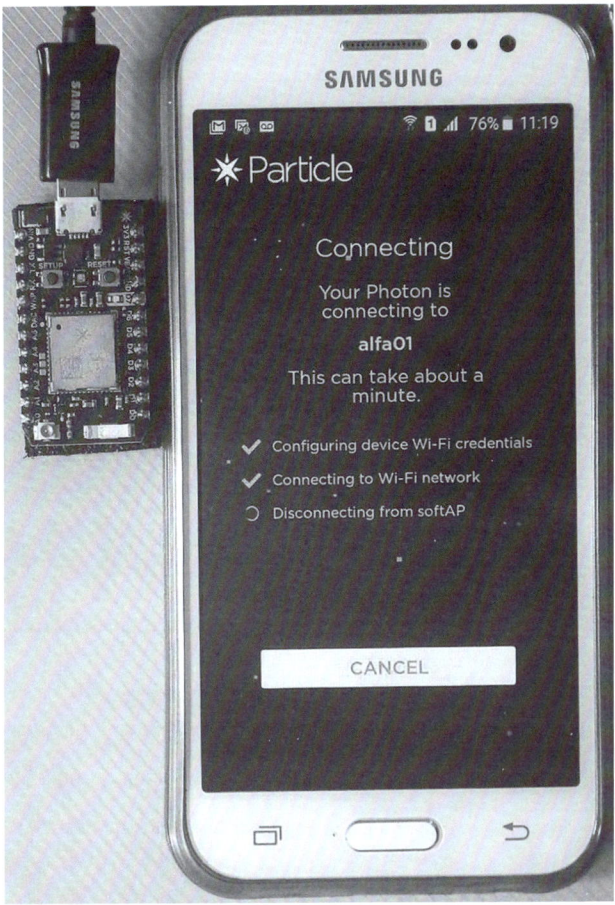

Figura 2-6 >> Conexão do Photon com a nuvem da Particle via WiFi.

Se o nome TINKER não aparecer, você deverá fazer a instalação desse recurso. Para isso, clique no nome do seu Photon na tela YOUR DEVICES. Aparecerá uma janela contendo diversas informações a respeito desse Photon. Em cima, à direita, aparecem três pontos na vertical. Clique nesses pontos. Aparecerá um menu no qual constam diversas opções entre as quais RE-FLASH TINKER. Clique nessa opção e o Tinker será instalado. À esquerda dos três pontos na vertical, aparece também um botão na forma de uma caneta inclinada. Se você escolher essa opção, você poderá trocar o nome do Photon.

Com o Tinker, você poderá interagir diretamente com cada um dos pinos do Photon. Depois de escolher um dos pinos, como o D7, você deverá definir se aquele pino será de leitura digital (digitalRead) ou de escrita digital (digitalWrite). No primeiro caso, o pino será uma entrada de dados, e no segundo, uma saída. Se você conectar circuitos eletrônicos a esses pinos, poderá ligar e desligar um LED, ler uma chave ou um sensor, acionar um motor ou um relé, e assim por diante.

Figura 2-7 >> Dando um nome para seu Photon.

Como o Photon já tem um LED Azul conectado ao pino D7, vamos utilizá-lo neste exemplo ligando-o e desligando-o.

Portanto, usando seu smartphone, faça LOGIN no aplicativo Particle e clique no botão TINKER. Aparecerá uma tela dando boas-vindas ao Tinker e instruções de como usá-lo. Essas mensagens têm como fundo o Photon e seus pinos (veja a Figura 2-9).

Antes de mais nada, precisamos escolher um pino e especificar se esse pino será uma entrada ou uma saída.

Clique no botão D7 atrás das mensagens. Aparecerá um menu com duas opções (digitalRead e digitalWrite). No nosso caso, clique em digitalWrite para tornar aquele pino uma saída que acionará o LED Azul. Como resultado, o pino será colocado em nível alto (HIGH), ligando

Figura 2-8 >> Lista de dispositivos na qual agora aparece seu Photon.

o LED Azul. Na Figura 2-10, na imagem à esquerda, vemos no smartphone que o pino D7 está em nível HIGH e, ao mesmo tempo, vemos no Photon que o LED Azul está aceso. Clique novamente no pino D7 para colocá-lo em nível baixo (LOW) e apagar o LED, como vemos na Figura 2-10 (imagem à direita). E assim por diante. Você poderia fazer o mesmo com os demais pinos do Photon, ligando outros dispositivos de entrada ou saída. No nosso caso, não temos nada conectado a esses outros pinos e, portanto, não teremos nenhum efeito concreto visível.

Observando a parte superior da Figura 2-10, vemos três pontos na vertical à direita de INSPECT. Se você clicar nesse ícone, aparecerá um menu com algumas opções, entre as quais temos RESET ALL PIN FUNCTIONS (Reinicializar as funções de todos os pinos). Ao clicar nessa opção, você retirará todas as definições de leitura ou escrita dos pinos já feitas, o que permite fazer novas definições para os pinos.

Figura 2-9 >> Tela inicial do Tinker.

>> Projeto 1. Fazendo o LED Azul Piscar

Agora, você desenvolverá seu primeiro projeto usando o Photon e o ambiente de desenvolvimento integrado Web IDE. Os programadores têm como tradição que o primeiro programa que escrevem em qualquer linguagem denomina-se *Alô Mundo* (*Hello World*). Esse programa executa a mais básica das tarefas: fazer a exibição das palavras *Alô Mundo*. Como o Photon não tem nenhum display para exibir essas palavras, teremos que pensar em algo diferente.

No caso do Arduino e de outras placas, essa ação básica consiste em fazer um LED piscar repetidamente. Para começar, poderemos adotar a mesma coisa no Photon.

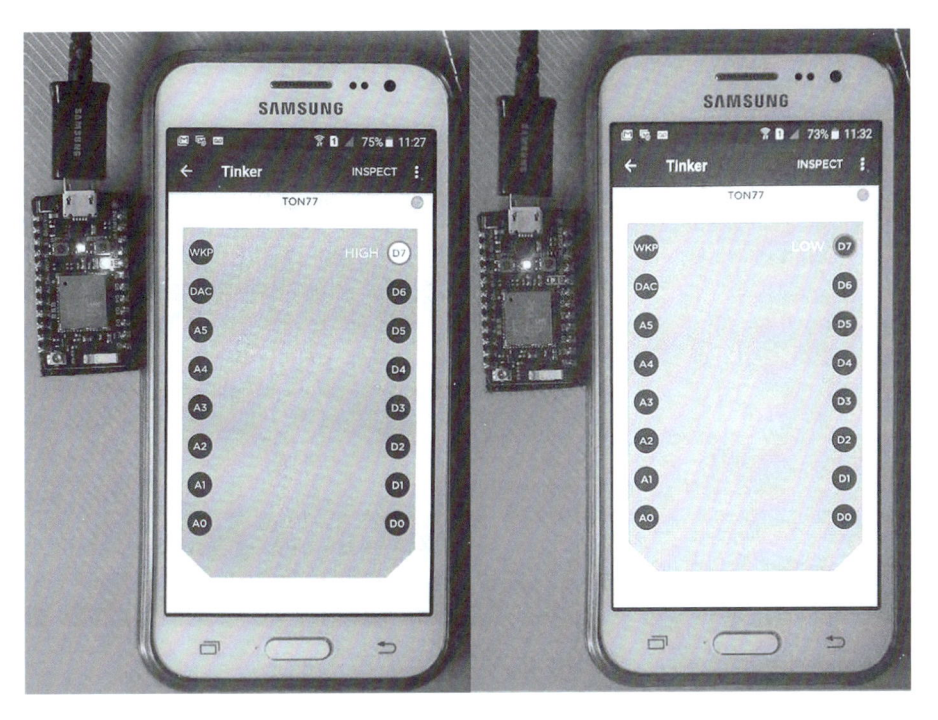

Figura 2-10 >> À esquerda vemos Tinker e Photon interagindo com o LED do pino D7 aceso. À direita, o LED foi apagado.

Como o nosso Photon já está registrado no serviço de nuvem da Particle, poderemos usar o ambiente de desenvolvimento integrado Web IDE para construir (BUILD) o nosso programa *Alô Mundo* (*Hello World*).

Para usar o Web IDE, você pode entrar, por exemplo, em *https://build.particle.io/build/* e fazer login.

Por enquanto, não se preocupe com o funcionamento do Web IDE. Esse programa será visto com mais detalhes no próximo capítulo. Por enquanto, queremos apenas ver o LED piscando repetidamente. Para isso, vamos usar um programa já desenvolvido anteriormente que tem o nome BLINK AN LED (Faça um LED piscar). Depois de entrar no Web IDE, à esquerda da tela, embaixo, você verá uma seção de nome EXAMPLE APPS (Aplicativos exemplos) (se essa seção não estiver aparecendo, experimente clicar no botão <> bem à esquerda). Clique na opção BLINK AN LED. Como consequência, esse programa será carregado na seção do editor do Web IDE à direita. Veja a Figura 2-11.*

---

*N. de T.: Como os recursos da nuvem Particle (antiga Spark) estão constantemente sendo atualizados, é possível que, quando você fizer essas operações em seu computador, o Web IDE e o programa carregado no editor sejam ligeiramente diferentes do que está mostrado neste livro, mas o objetivo ainda será o mesmo.

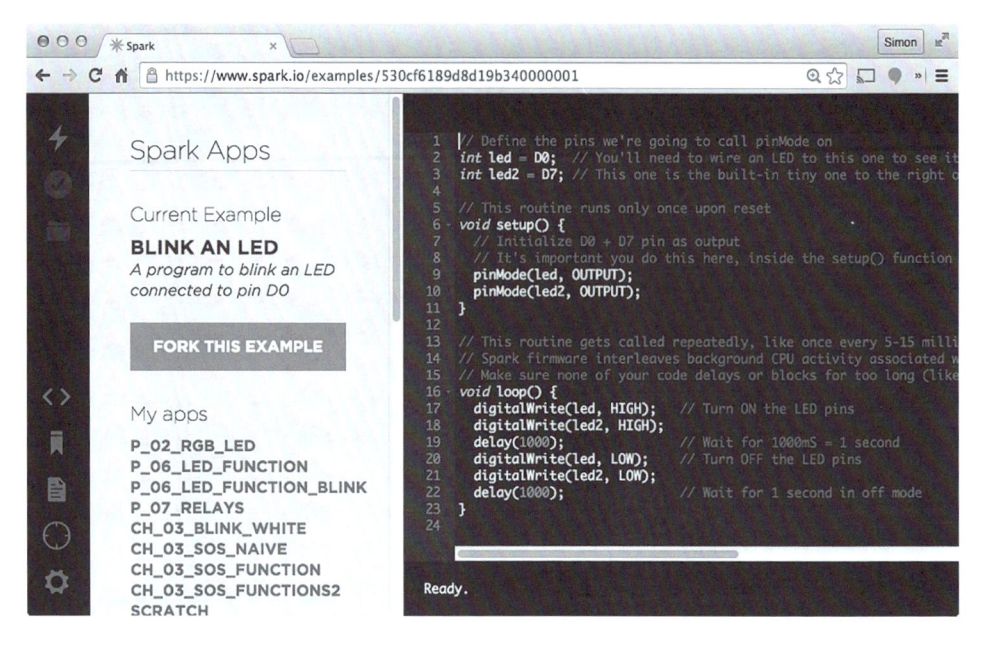

Figura 2-11 》 O Web IDE com o programa BLINK AN LED.

O próximo passo é transferir esse programa para o Photon gravando-o em sua memória. A Particle deu a essa operação o nome *Flash*. Bem à esquerda, há uma coluna com ícones e no topo está FLASH na forma de um raio. Clique nesse ícone para que o programa seja transferido para o Photon. Quando você passar o cursor em cima do ícone, seu nome aparece.

Você deverá ver uma mensagem em inglês na área de avisos na parte inferior da tela dizendo algo como: *Flash bem sucedido! Por favor espere um momento enquanto seu Photon é atualizado...*

Às vezes, esse processo tranca e nada acontece. No final, o tempo de espera esgota-se e o IDE permite que você tente novamente. Pode ser útil fazer uma inicialização no Photon clicando no seu botão de Reset.

Se tudo estiver funcionando corretamente, você verá o LED RGB do Photon piscando com a cor púrpura. Isso indica que o Photon está sendo atualizado. Depois de receber e gravar o programa em sua memória, o Photon fará uma autoinicialização (pulso verde no LED RGB). A seguir, enquanto volta a se conectar com a rede WiFi, o LED fica piscando com a cor verde. Quando finalmente se conecta novamente com a nuvem, ele fica pulsando lentamente com a cor ciano como se estivesse "respirando". Quando o Photon começar a executar o programa, o pequeno LED azul, conectado ao pino 7, vai acender e apagar a cada dois segundos.

Às vezes, ocorrem problemas de conexão e o processo de pisca-pisca falha. Se isso ocorrer, simplesmente tente novamente.

Para sair do Web IDE, clique à esquerda no ícone bem embaixo com a forma de uma engrenagem. Na tela seguinte, clique em LOG OUT (Sair).

No próximo capítulo, veremos novamente esse programa e tudo será explicado. No Projeto 2 a seguir, você construirá um programa escrevendo seu código.

Projeto 2. Controlando o LED RGB do Photon

Do mesmo modo que você controlou o pequeno LED azul conectado ao pino D7 do Photon, você também poderá controlar o LED RGB que o Photon utiliza para indicar seu *status*. Neste projeto, você escreverá um programa no Web IDE. Esse programa fará o LED RGB ficar vermelho (Red), então mudar para verde (Green) e depois para azul (Blue), mudando a cada dois segundos, e assim por diante.

O primeiro passo é clicar no botão CREATE NEW APP (Criar novo aplicativo) no lado esquerdo do Web IDE. Com isso, um novo aplicativo será iniciado, como mostrado na Figura 2-12. Se a opção CREATE NEW APP não estiver disponível, significa que o editor já está em modo de criar um novo aplicativo (app).

Figura 2-12 >> Criando um novo aplicativo.

Como podemos ver, o Web IDE está esperando que você dê um nome para seu aplicativo. Ele precisa ser único, exclusivo, e qualquer nome que você escrever será convertido para letras maiúsculas. Se você quiser separar as palavras do nome do aplicativo, você poderá usar o caractere sublinhado (_). Vamos dar o nome RGB_LED ao aplicativo (app).

Quando você começa um novo projeto, o Web IDE inicia com um texto padrão que depois você completa com seu código. O texto padrão inicial do aplicativo é o seguinte:

```
void setup() {
}
void loop() {
}
```

Modifique esse texto, deixando-o como segue:

```
void setup() {
    RGB.control(true);
}
void loop() {
    RGB.color(255, 0, 0);
    delay(2000);
    RGB.color(0, 255, 0);
    delay(2000);
    RGB.color(0, 0, 255);
    delay(2000);
}
```

Ao entrar com as linhas de código para modificar o texto padrão, mantenha a tabulação. Observe que cada linha de código termina com ponto e vírgula.

Quando você digitar todo o código, "salve" o aplicativo clicando no botão SAVE* (que se parece com uma pasta de arquivo) e, em seguida, clique no botão FLASH para transferir o código para o Photon.

Não é importante se o Photon está inserido ou não em um protoboard. Entretanto, se você colocar o Photon em um protoboard, você impedirá que seus pinos sejam dobrados acidentalmente ou entrem em curto-circuito ao encostarem em algum metal.

---

*N. de T.: O nome de um ícone aparece quando você passa o cursor por cima dele.

> ## MENSAGENS DE ERRO
>
> Se você digitar errado alguma coisa, você verá uma mensagem de erro. Um erro comum é esquecer de colocar o ponto e vírgula no final de uma linha. Se esse for o erro, então você verá na mensagem de erro um conjunto de palavras incompreensíveis antes de chegar à seguinte linha:
>
> ```
>     the_user_app.cpp:3:1: error: expected ';' before '}' token
> ```
>
> A mensagem está dizendo simplesmente que falta um ponto e vírgula em algum lugar. Portanto, verifique cuidadosamente seu código.

Logo que o Photon terminar de piscar com a cor púrpura e fazer uma autoinicialização, você deverá ver o LED RGB piscando com as cores vermelho (R), verde (G) e azul (B).

>> Resumo

Parabéns, você fez o Photon realizar alguma coisa! No próximo capítulo, você visitará novamente os aplicativos que foram executados no Photon e entenderá melhor seu funcionamento. Você também aprenderá a escrever seus próprios aplicativos.

CAPÍTULO 3

Programando o Photon

O Capítulo 2 proporcionou um primeiro contato com a programação do Photon. Neste capítulo, você se aprofundará no mundo da programação. Se for iniciante, você aprenderá os fundamentos da linguagem C usada nesses dispositivos; se for experiente, poderá desconsiderar algumas seções.

OBJETIVOS DE APRENDIZAGEM

- » Conhecer e começar a usar o Ambiente de Desenvolvimento Integrado Web IDE.
- » Escrever o código de um programa simples para o Photon usando o Web IDE.
- » Inserir comentários em um programa.
- » Escrever um programa envolvendo o código Morse e LEDs.
- » Conhecer diversos recursos da linguagem usada na programação de um Photon.

» O Web IDE

No Capítulo 2, você começou a usar o Web IDE – o Ambiente de Desenvolvimento Integrado.

Além de escrever códigos de programa e clicar em alguns dos botões, há muitas outras coisas a serem exploradas no Web IDE. A Figura 3-1 mostra o Web IDE com as descrições de alguns de seus botões.

Você já usou o botão FLASH* que está no topo da coluna de botões à esquerda. O botão VERIFY (Verificar) irá verificar ou conferir o aplicativo (app) que está sendo mostrado na janela de edição da direita, assegurando que esteja correto sem, no entanto, enviá-lo ao Photon. O uso do botão VERIFY é mais limitado porque o botão FLASH verifica o programa e, se está correto, também o envia para ser carregado na memória do Photon.

O código do aplicativo que está sendo exibido na janela do editor pode ser salvo usando o botão SAVE (Salvar). O botão CODE (Código) permite que você exiba somente o código do aplicativo (em tela cheia) ou exiba esse código juntamente com o menu de comandos. Isso é necessário quando você deseja remover ou criar um aplicativo, como fez no Capítulo 2.

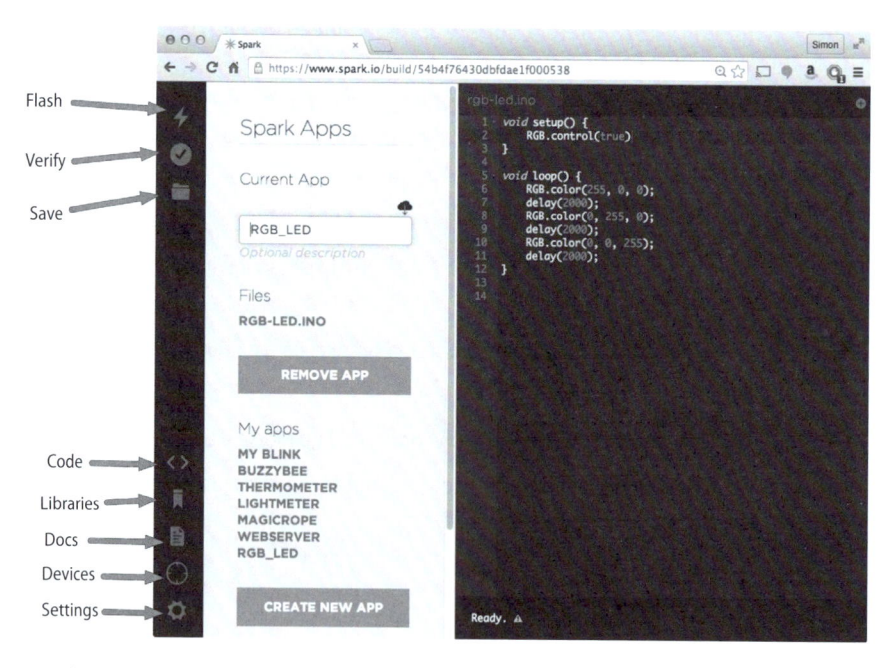

Figura 3-1 » O Web IDE.

---

*N. de T.: Os ícones dos botões estão na coluna bem à esquerda e seus nomes surgem quando o cursor é passado por cima deles.

Abaixo do botão CODE, vemos o botão LIBRARIES (Bibliotecas) que permite acesso a uma grande quantidade de bibliotecas. Essas bibliotecas foram desenvolvidas pela comunidade e nelas você poderá encontrar códigos já prontos para inserir em seus aplicativos. Muitas dessas bibliotecas estão voltadas ao uso de tipos específicos de hardware, como sensores e displays.

O botão DOCS (Documentos) abre a página da web que trata da documentação do Photon.

O botão DEVICES (Dispositivos) permite a configuração dos Photons. Quando você clica nesse botão, aparece um painel lateral com todos os dispositivos vinculados à sua conta, permitindo que sejam configurados de diversos modos (Figura 3-2).

A lista mostrará todos os Photons que estão associados à sua conta. A estrela amarela próxima de um dispositivo indica que ele é o selecionado no momento. Se você clicar no botão FLASH, esse é o dispositivo que receberá o programa mostrado no editor à direita para ser gravado em sua memória.

O círculo preto ao lado do nome do dispositivo indica que o dispositivo está ativo e conectado ao serviço de nuvem.

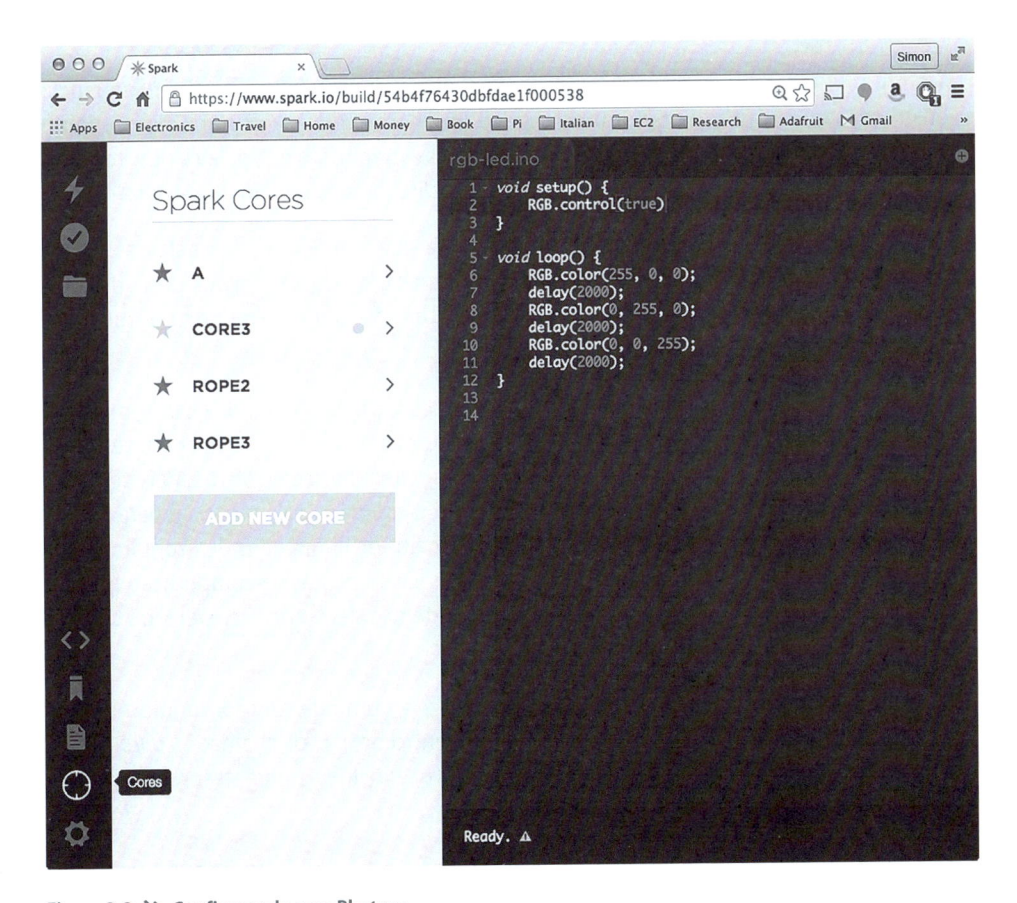

Figura 3-2 >> Configurando seus Photons.

» Codificando um Aplicativo

Vamos iniciar dissecando o aplicativo (app) escrito por você no Projeto 2, o qual alterava a cor exibida no LED do Photon a intervalos de dois segundos, seguindo a sequência vermelho, verde e azul. Para facilitar, repetimos o código sem os comentários:

```
void setup() {
    RGB.control(true);
}

void loop() {
    RGB.color(255, 0, 0);
    delay(2000);
    RGB.color(0, 255, 0);
    delay(2000);
    RGB.color(0, 0, 255);
    delay(2000);
}
```

Um programa (ou *app*, na terminologia da Particle) assume a forma de uma sequência de instruções que um computador (neste caso, um Photon) deve executar. Observando o programa anterior vemos que, além disso, há símbolos estranhos, { e }, palavras misteriosas, como `void`, `setup` e `loop`, e sinais de pontuação distribuídos de forma aleatória.

Como podemos ver, o código tem duas seções: uma que começa com as palavras `void setup` e outra que começa com `void loop`. Cada uma dessas seções do código do programa corresponde ao que denominamos *função*. Uma função é um modo de agrupar um conjunto de instruções dando-lhe um nome.

Observando a primeira função, vemos que ela começa com a palavra `void` (vazio, sem nada). Essa é uma palavra incomum para marcar o início de uma função. Se você tiver interesse em saber mais, toda função deve indicar de que *tipo* ela é (detalhes serão vistos mais adiante). Como ambas as funções `setup` e `loop` não têm tipo, usaremos a palavra `void` para indicar essa condição. Uma coisa que você notará logo a respeito de linguagens de programação é que elas são bem exigentes em relação a pormenores. Os cientistas da computação gostam de coisas bem ordenadas e precisas. Por isso, não podemos deixar de escrever `void` antes dos nomes de nossas funções `setup` e `loop`.

Após a palavra `void`, vem a palavra `setup`, que é o nome da função, seguido de `()`. Mais adiante, você verá funções que contêm algo dentro de `()`, os chamados *parâmetros*. Novamente, o rigorismo da linguagem C exige que você inclua os parênteses, mesmo que essa função não precise de parâmetros.

Qualquer aplicativo deve incluir sempre as funções `setup` e `loop`. Essa é a razão pela qual, quando você clica no botão CREATE NEW APP (Criar novo aplicativo), aparece um esqueleto do código contendo essas duas funções, pronto para você prosseguir incluindo suas próprias instruções, como se mostra a seguir:

```
void setup() {
}

void loop() {
}
```

O código das instruções que você inclui em uma função deve estar envolvido por chaves, { e }. Além disso, no final de cada linha de instrução deve haver um ; (ponto e vírgula). Ao longo dos anos, os programadores adotaram convenções sobre a maneira de escrever um código de programa para que seja facilmente compreendido por outro programador, ou por você mesmo depois de um longo tempo sem examinar o programa.

Essas convenções incluem endentação das linhas que estão dentro da função, de modo que seja fácil ver que elas pertencem à função. Essas seções de código endentado são referidas como *blocos* de código. Diferentemente da linguagem Python, a linguagem C usada pelo Photon ignora toda endentação. Se você não usar endentação, o programa seguirá funcionando corretamente, pois trata-se apenas de uma convenção para facilitar a leitura do texto.

O uso das funções `setup` e `loop`* é emprestado do Arduino, sendo executadas do mesmo modo. No Photon, quando é ligado ou após apertarmos o botão Reset (Inicialização), as linhas de código da função `setup` são *executadas* apenas uma vez. Elas só serão executadas novamente se o Photon passar por um novo Reset.

No caso do nosso exemplo de programa, a função `setup` contém em seu interior apenas uma linha de código:

```
RGB.control(true);
```

Esse comando `RGB.control(true)` diz ao Photon que desejamos assumir o controle das cores do LED RGB, em vez de deixá-lo exibindo o seu *status* atual por meio de combinações de cores piscantes. Não se preocupe, o dispositivo voltará a exibir seu *status* quando carregarmos o Photon com um aplicativo diferente que não assuma o controle do LED RGB. Quando o aplicativo está sendo executado, simplesmente não temos como saber se o Photon está conectado à Internet. Isso acontece porque o LED RGB está sendo utilizado para outra finalidade e não para indicar o *status* do Photon. Mesmo assim, ainda poderemos enviar novos aplicativos ao Photon.

A função `loop` (laço) é diferente da função `setup` porque ela repete indefinidamente a execução das instruções que estão dentro das chaves, como se um laço de repetição as envolvesse. Logo que termina a execução da última dessas instruções, a primeira começa a ser executada novamente.

---

*N. de T.: No caso, `setup` tem o significado de preparação ou configuração e `loop`, o de laço de repetição.

No caso, há quatro linhas de código que são executadas a cada vez que o laço (`loop`) de repetição é percorrido. A primeira linha é a seguinte:

```
RGB.color(255, 0, 0);
```

As instruções da função `setup` nos deram o controle do LED RGB. Agora precisamos indicar quais cores desejamos controlar. Isso é feito na primeira linha da função `loop`, em que o código define a cor como vermelho. Isso é feito usando o comando `RGB.color` (Cor RGB). Esse comando é uma função, semelhante a `setup` ou `loop`, que faz parte do software do Photon e pode ser utilizada por nós. Ao passo que as funções `setup` e `loop` tinham parênteses sem parâmetros, a `RGB.color` tem três parâmetros separados por vírgulas. Esses três parâmetros representam o brilho de cada um dos canais R, G e B, ou seja, os canais Red (Vermelho), Green (Verde) e Blue (Azul) do LED. O número utilizado para cada parâmetro está entre 0 e 255, em que 0 significa ausência de luz e 255, brilho máximo. Assim, os três valores (255, 0, 0) significam um vermelho com brilho máximo, ausência de verde e ausência de azul. Se utilizássemos (255, 255, 255), o LED funcionaria com as três cores em brilho máximo e o veríamos na cor branca.

Logo que a cor for definida como vermelho, queremos que o aplicativo aguarde dois segundos e então mude a cor para verde. Para isso, poderemos utilizar uma outra função interna do Photon denominada `delay` (Retardo). Iremos utilizá-la como segunda instrução dentro da função `loop`:

```
delay(2000);
```

Isso faz o Photon ficar aguardando 2000 milissegundos. Um milissegundo é 1/1000 de um segundo, de modo que 2000 milissegundos é o mesmo que 2 segundos.

As duas primeiras instruções da função `loop` são repetidas mais duas vezes para trocar a cor do LED para verde e então para azul:

```
void loop() {
    RGB.color(255, 0, 0);   \\ vermelho
    delay(2000);
    RGB.color(0, 255, 0);   \\ verde
    delay(2000);
    RGB.color(0, 0, 255);   \\ azul
    delay(2000);
}
```

Você deve estar se perguntando se é necessário o comando `delay` no final do `loop`. Experimente apagar esse comando e executar novamente o código transferindo-o (FLASH) para o Photon. Quando ele for executado, você não verá o LED acendendo com a cor azul. Entretanto, na realidade, o LED está sim sendo aceso com a cor azul, mas durante um intervalo de tempo tão curto que o olho não consegue perceber o azul. A seguir, o aplicativo retorna à primeira linha do `loop` e o LED volta a ser aceso com a cor vermelha e assim por diante.

A cada repetição do loop, o Photon fará também uma rápida verificação interna para ver se o serviço de nuvem está tentando enviar um novo aplicativo. Se houver um novo aplicativo chegando, então o programa que estava sendo executado será interrompido e o Photon assumirá novamente o controle do LED RGB para indicar seu novo *status*. No caso, o LED RGB começará a piscar com a cor púrpura para indicar que o novo aplicativo está sendo transferido e gravado (FLASH) no Photon.

Comentários

No Projeto 1, usamos um programa fornecido pela Particle que fazia o LED azul conectado ao pino D7 piscar repetidamente. Na verdade, esse programa é mais complexo do que o do Projeto 2. Agora, a partir do que vimos no Projeto 2, vamos examinar o Projeto 1. Ao longo desta análise, encontraremos diversas ideias que poderemos usar em programação.*

Quando você examinar atentamente o código a seguir do aplicativo BLINK AN LED (Fazer um LED piscar) do Projeto 1, será útil tê-lo aberto no Web IDE. Ele é bem grande e, por essa razão, mostraremos aqui apenas uma parte. A maioria dos comentários originais não foi incluída. Além disso, o lado direito do texto foi truncado obtendo-se a seguinte listagem:

```
// Primeiro, vamos criar algumas variáveis e seus respectivos
// pinos.

int led1 = D0; // Em vez de escrever D0 repetidas vezes,
               // escreveremos led1.
               // Você deve conectar um LED a esse pino
               // para vê-lo piscando.

int led2 = D7; // Em vez de escrever D7 repetidas vezes,
               // escreveremos led2.
               // Este é o pequeno LED azul na placa.
               // No Photon, ele está próximo do pino D7.

// Após declarar essas variáveis, passaremos à função setup.
// A função setup faz parte de qualquer
// programa de microcontrolador.
// Ela é executada uma única vez quando o dispositivo é
// ligado ou sofre Reset.
```

---

*N. de T.: Deve-se ter em conta que os aplicativos baixados da nuvem estão sujeitos a atualizações e modificações feitas pela Particle visando aperfeiçoá-los. Portanto, é possível que quando você baixe esses aplicativos, eles estejam ligeiramente diferentes dos que constam neste livro. Entretanto, seu conteúdo básico permanece o mesmo.

```
void setup() {

// Diremos ao nosso dispositivo que D0 e D7 (que
// denominamos led1 e led2 respectivamente) serão pinos
// de saída (OUTPUT).
// (Isso significa que estaremos enviando tensões até
// eles, em vez de ler as tensões que vêm deles).

// É importante que isso seja feito aqui, dentro da
// função setup() e não fora de setup() ou dentro da
// função loop().

  pinMode(led1, OUTPUT);
  pinMode(led2, OUTPUT);
}

// A seguir, temos a função loop, a outra parte
// essencial de um programa de microcontrolador.
// Após a função setup() ter sido chamada, a função
// loop() fica se repetindo, tantas vezes e tão
// rapidamente quanto possível.

// Nota: Um código de programa que causa algum bloqueio
// por tempo excessivo (como mais de 5 segundos), pode
// provocar coisas estranhas (como queda da conexão
// de rede).
// A função interna de retardo delay mostrada abaixo
// intercala de forma segura as necessárias atividades
// que estão sendo executadas em segundo plano. Isso
// acontece de tal modo que atividades arbitrariamente
// longas poderão ser realizadas de forma segura se
// for necessário.

void loop() {
// Para fazer um LED piscar, primeiro devemos ligá-lo...
  digitalWrite(led1, HIGH);
  digitalWrite(led2, HIGH);

// Nós o deixaremos aceso por 1 segundo...
  delay(1000);


// A seguir, iremos desligá-lo...
  digitalWrite(led1, LOW);
  digitalWrite(led2, LOW);
```

```
  // Espere 1 segundo...
    delay(1000);

  // E repita o laço!

  }
```

A primeira coisa a observar neste programa é que há uma grande quantidade de linhas que começam com //. O uso de // no início de uma linha indica que aquela linha não é código de programa, mas apenas um comentário que diz ao leitor alguma coisa *sobre* o código. A primeira linha do programa diz qual é a finalidade dos dois comandos que se seguirão:

```
  // Primeiro, vamos criar algumas variáveis e seus respectivos
  // pinos.
```

As linhas seguintes são uma combinação de código verdadeiro e comentário. Após o ponto e vírgula de cada comando, os sinais // são usados para indicar que o restante da linha é um comentário:

```
  int led1 = D0; // Em vez de escrever D0 repetidas vezes,
                 // escreveremos led1.
                 // Você deve conectar um LED a esse pino
                 // para vê-lo piscando.

  int led2 = D7; // Em vez de escrever D7 repetidas vezes,
                 // escreveremos led2.
                 // Este é o pequeno LED azul na placa.
                 // No Photon, ele está próximo do pino D7.
```

Neste aplicativo, há muitos comentários deliberadamente bem detalhados para explicar ao iniciante o que está acontecendo com o programa.

>> Variáveis

Os dois comandos que acabamos de examinar definem o que denominamos *variáveis*. As variáveis são um conceito de programação extremamente útil. Elas permitem que você dê um nome com significado a alguma coisa.

No caso das duas primeiras linhas, fazemos referência a um pino denominado D0. Sabemos que se trata de um dos pinos do Photon que pode ser usado como entrada ou saída, mas isso não diz qual é a finalidade desse pino dentro do aplicativo. Na realidade, como o comentário diz, um LED deverá ser conectado ao pino D0 (faremos isso no Capítulo 4). Quando quisermos acender e apagar esse LED, será mais fácil de entender se nos referirmos a esse pino como pino `led1` e não como pino `D0`. Dizemos que o comando a seguir atribui o valor `D0` à variável de nome `led1`:

```
int led1 = D0;
```

Depois que o valor `D0` for atribuído à variável `led1`, poderemos nos referir sempre ao pino `D0` como `led1` em vez de `D0`. A palavra `int` significa um número inteiro. Mesmo que você argumente que `D0` não se parece com um número, na realidade, `D0` é um número inteiro usado internamente pelo Photon.

Mais adiante, exploraremos os diversos tipos de variável.

Agora que a variável denominada `led1` foi definida se referindo ao pino `D0`, você irá usá-la na função `setup` para definir o modo do pino (`pinMode`) e também na função `loop` para ligar e desligar o respectivo LED, fazendo-o piscar repetidamente.

Usando uma variável como essa, temos a grande vantagem de que, se decidirmos usar o pino `D3` no lugar de `D0`, tudo que precisaremos fazer será trocar a linha

```
int led1 = D0;
```

por

```
int led1 = D3;
```

>> Código Morse

Ao ler o título acima, você poderá se perguntar por que um livro sobre hardware de IoT, como o Photon, trata de uma invenção do século 19 de nome código Morse. A resposta é que, embora haja muitas coisas que você poderia fazer com um LED, uma das mais interessantes é justamente enviar sinais luminosos em código Morse.

O código Morse representa letras e números por meio de sinais breves (pontos) ou longos (traços) na forma de pulsos de som ou luz. Por exemplo, a letra A é representada por .- (ponto, traço), um pulso curto seguido de um pulso longo. Embora haja algumas variantes de código Morse, aqui nós utilizaremos o Código Morse Internacional.

Se você quisesse converter a palavra Photon para código Morse, a sequência .--. .... --- - --- -. seria a mensagem resultante. No código Morse, não há distinção entre letras maiúsculas e minúsculas.

CÓDIGO MORSE INTERNACIONAL

A seguinte tabela lista as letras e dígitos do Código Morse Internacional:

A	.-	N	-.	0	-----
B	-...	O	---	1	.----
C	-.-.	P	.--.	2	..---
D	-..	Q	--.-	3	...--
E	.	R	.-.	4	....-
F	..-.	S	...	5	.....
G	--.	T	-	6	-....
H	....	U	..-	7	--...
I	..	V	...-	8	---..
J	.---	W	.--	9	----.
K	-.-	X	-..-		
L	.-..	Y	-.--		
M	--	Z	--..		

SOS Luminoso

SOS é representado como ... --- ... em código Morse. Antigamente, há mais de um século, era usado comumente por alguém que estivesse em situação de perigo e usualmente em alto mar.

Nós já fizemos um LED piscar. Assim, vamos examinar de que forma poderemos aplicar o que já aprendemos para enviar um sinal luminoso de SOS indicando uma situação de perigo (ainda que seja no pequeno LED RGB do Photon).

Para lembrar, aqui está o programa do Projeto 2:

```
void setup() {
    RGB.control(true);
}
```

```
void loop() {
    RGB.color(255, 0, 0);
    delay(2000);
    RGB.color(0, 255, 0);
    delay(2000);
    RGB.color(0, 0, 255);
    delay(2000);
}
```

> ### OBTENDO O PROGRAMA
>
> Se, no Capítulo 2, você escreveu esse programa e conseguiu fazê-lo funcionar, isso é ótimo. Caso contrário, a maneira mais fácil de tê-lo no Web IDE para então transferi-lo para o Photon é clicando no botão LIBRARIES (Bibliotecas) do Web IDE, na coluna da esquerda, e localizando a biblioteca *PHOTON_BOOK* (*Livro do Photon*) por meio de uma pesquisa (TYPE TO SEARCH) na janela mostrada. Nessa biblioteca você encontrará todos os programas usados nos projetos deste livro na forma de exemplos.

Selecione o arquivo *p_02_RGB_LED* e então clique no botão USE THIS EXAMPLE (Usar este exemplo). Uma cópia do programa será aberta no editor e você poderá transferi-la para seu Photon. Observe que essa será a sua cópia do programa original, de modo que você poderá modificá-la se desejar.

Faça a transferência do programa, usando o botão FLASH, só para observar o que acontece.

Embora um código Morse colorido pudesse ser útil, gostaríamos de usar apenas a luz branca. Para isso, vamos alterar o código do Projeto 2 para que a cor seja branca (255, 255, 255), como mostrado a seguir:

```
void setup() {
    RGB.control(true);
}

void loop() {
    RGB.color(255, 255, 255);
    delay(500);
    RGB.color(0, 0, 0);
    delay(500);
}
```

Você também poderá encontrar esse código na biblioteca de exemplos com o nome *ch_03_blink_white*. (Pisca_branco).

A ordem de execução das instruções dentro de loop é a seguinte:

1. Faça o LED RGB ser branco (vermelho, verde e azul no valor 255 de brilho máximo).
2. Faça um retardo (delay) de meio segundo (500ms).
3. Desligue o LED RGB.
4. Faça um retardo de meio segundo.
5. Comece novamente.

Após transferir (FLASH) o código para o Photon, você deverá ver o LED piscando uma vez a cada segundo.

Para fazer o envio luminoso da sequência SOS (... --- ...), você deverá acrescentar mais linhas ao loop, emitindo nove pulsos luminosos e alterando os tempos de retardo. Um traço (dash) tem uma duração três vezes maior que um ponto (dot) e o tempo entre um ponto ou traço e o próximo ponto ou traço é o mesmo de um ponto. O tempo entre uma letra e a próxima é o mesmo de um traço. Finalmente, o tempo entre palavras é de sete pontos. Portanto, modifique o programa anterior de acordo com o código que se segue. Se você usar "copiar e colar", você economizará tempo.

```
void setup() {
    RGB.control(true);
}

void loop() {
    // transmitir os pulsos de luz de S (três pontos . . .)
    // primeiro ponto (dot)
    RGB.color(255, 255, 255);
    delay(200);
    RGB.color(0, 0, 0);
    delay(200);
    // segundo ponto (dot)
    RGB.color(255, 255, 255);
    delay(200);
    RGB.color(0, 0, 0);
    delay(200);
    // terceiro ponto (dot)
    RGB.color(255, 255, 255);
    delay(200);
    RGB.color(0, 0, 0);
    delay(600);
    // fim de S

    // transmitir os pulsos de luz de O (três traços - - -)
    // primeiro traço (dash)
    RGB.color(255, 255, 255);
    delay(600);
    RGB.color(0, 0, 0);
```

```
        delay(200);
        // segundo traço (dash)
        RGB.color(255, 255, 255);
        delay(600);
        RGB.color(0, 0, 0);
        delay(200);
        // terceiro traço (dash)
        RGB.color(255, 255, 255);
        delay(600);
        RGB.color(0, 0, 0);
        delay(600);
        // fim de O

        // transmitir os pulsos de luz de S (três pontos . . .)
        // primeiro ponto (dot)
        RGB.color(255, 255, 255);
        delay(200);
        RGB.color(0, 0, 0);
        delay(200);
        // segundo ponto (dot)
        RGB.color(255, 255, 255);
        delay(200);
        RGB.color(0, 0, 0);
        delay(200);
        // terceiro ponto (dot)
        RGB.color(255, 255, 255);
        delay(200);
        RGB.color(0, 0, 0);
        delay(600);
        // fim de S

        delay(2000); // retardo de 2 s antes de repetir
    }
```

Embora esse código esteja funcionando bem, há muito mais linhas do que o necessário porque há muita repetição no código. Na próxima seção, você conhecerá novas funções que tornarão o código mais curto.

>> Funções

Ficamos bem satisfeitos usando algumas das funções (`delay` e `RGB.color`) que fazem parte do ambiente de programação da Particle. No entanto, você também poderá escrever suas próprias funções, reunindo linhas de código que você usa repetidas vezes em seu programa.

Por exemplo, não seria muito bom se houvesse uma função de nome `flash` (piscar) que recebesse como parâmetros o tempo (duração) durante o qual o LED deveria permanecer aceso e o tempo (intervalo) que deveria ser aguardado antes de fazer o LED piscar novamente? Na realidade, você pode criar essa função e usá-la no programa anterior de SOS fazendo algumas modificações. Essa função poderia ser como a seguinte:

```
void flash(int duration, int gap) {
    RGB.color(255, 255, 255);
    delay(duration);
    RGB.color(0, 0, 0);
    delay(gap);
}
```

A função inicia com a palavra `void` porque essa função não produz nenhum valor de retorno. A seguir, vem o nome da função. Eu decidi chamá-la `flash` (piscar). Dentro dos parênteses estão definidos os dois parâmetros, `duration` (duração) e `gap` (intervalo). Deveremos especificar de que tipo eles são. Como são números inteiros de milissegundos, deveremos usar o tipo `int` (inteiro).

O corpo da função é semelhante a uma parte do código que tínhamos antes, mas agora, no lugar de números com valores fixos (200 e 600), usaremos os nomes das variáveis `duration` e `gap`. Esses valores serão entregues, ou passados, para a função quando nós a usarmos dentro do `loop`.

Para ver como isso tudo funciona, vamos examinar o programa completo que pode ser encontrado em *ch_03_SOS_function*:

```
void setup() {
    RGB.control(true);
}

void loop() {
    // transmitir os pulsos de luz para S (. . .)
    flash(200, 200);
    flash(200, 200);
    flash(200, 600);

    // transmitir os pulsos de luz para O (- - -)
    flash(600, 200);
    flash(600, 200);
    flash(600, 600);

    // transmitir os pulsos de luz para S (. . .)
    flash(200, 200);
    flash(200, 200);
    flash(200, 600);

    delay(2000); // retardo de 2 s antes de repetir
}
```

```
// Definição da função flash:
void flash(int duration, int gap) {
    RGB.color(255, 255, 255);
    delay(duration);
    RGB.color(0, 0, 0);
    delay(gap);
}
```

Isso é bom porque agora o programa tem apenas 27 linhas em vez das 59 da versão anterior. Programas menores são melhores porque é mais fácil lidar com eles. Os programadores têm uma sigla que eles adotam – DRY de Don't Repeat Yourself (Não se repita) – e dirão que um bom código é DRY.*

Agora, para transmitir a letra S, você simplesmente chama a função `flash` três vezes seguidas. Na última vez, um retardo maior é usado para permitir o intervalo entre letras.

Poderíamos dar um passo mais à frente e criar duas novas funções denominadas `flashS` e `flashO` (específicas para as letras S e O) que, por sua vez, chamam `flash`. Isso simplificaria o código de `loop` ainda mais. O resultado pode ser visto no arquivo *ch_03_SOS_function2*.

```
void setup() {
    RGB.control(true);
}

void loop() {
    flashS();
    flashO();
    flashS();
    delay(2000); // retardo de 2 s antes de repetir
}

// Definição das funções:
void flash(int duration, int gap) {
    RGB.color(255, 255, 255);
    delay(duration);
    RGB.color(0, 0, 0);
    delay(gap);
}

void flashS() {
    flash(200, 200);
    flash(200, 200);
    flash(200, 600);
}
```

---

*N. de T.: Lembrando que DRY, em inglês, também significa seco, ou seja, um bom programa é "seco".

```
void flashO() {
    flash(600, 200);
    flash(600, 200);
    flash(600, 600);
}
```

O que fizemos não tornou o programa menor, mas uma coisa interessante aconteceu. Alguns dos comentários dentro de `loop` tornaram-se tão óbvios que agora podem ser removidos. Por exemplo, não há razão para colocar antes da linha

```
flashS();
```

um comentário como

```
// transmitir os pulsos de luz para S (. . .)
```

Geralmente, quanto menos comentários forem necessários para "explicar" o código, melhor. O código tornou-se menos obscuro e está começando a se tornar autoexplicativo.

A propósito, no programa, não importa o local onde você escreve o código de uma função. Entretanto, por convenção, costuma-se colocar as funções `setup` e `loop` no início do arquivo, porque esses são os locais de onde posteriormente serão feitas chamadas para as outras funções. Em outras palavras, `setup` e `loop` sempre serão os pontos de partida para qualquer pessoa examinar o programa e ver como ele funciona.

>> Tipos de Variáveis

Agora o programa de SOS ficou bem enxuto. Você pode começar com `loop` e ver que essa função chamará `flashS` e `flashO`. Em seguida, você pode examinar `flashS` e ver que `flashS` chama `flash`. Ficou bem mais fácil de ler e entender. Entretanto, o programa tem um ponto fraco: se você quisesse fazer o pisca-pisca de SOS ser mais rápido ou lento, você teria que percorrer o programa inteiro e mudar todas as ocorrências de 200 e 600 por números diferentes. Isso pode ser facilmente resolvido para que você precise especificar o valor de apenas uma variável (dot).

A versão modificada pode ser encontrada no arquivo *ch_03_sos_vars*.

```
int dot = 200;          // ponto = 200
int dash = dot * 3;     // traço = ponto * 3

void setup() {
    RGB.control(true);
}
```

```
void loop() {
    flashS();
    flashO();
    flashS();
delay(2000); // retardo de 2 s antes de repetir
}

void flash(int duration, int gap) {
    RGB.color(255, 255, 255);
    delay(duration);
    RGB.color(0, 0, 0);
    delay(gap);
}

void flashS() {
    flash(dot, dot);
    flash(dot, dot);
    flash(dot, dash);
}

void flashO() {
    flash(dash, dot);
    flash(dash, dot);
    flash(dash, dash);
}
```

No início do arquivo, duas novas variáveis, dot e dash (ponto e traço), foram acrescentadas. A variável dot foi inicializada com o valor 200 (milissegundos). Essa será a duração de um pulso luminoso do tipo ponto. A variável dash é a duração de um traço. Nós poderíamos inicializá-la diretamente com o valor 600. Entretanto, se quiséssemos fazer a mensagem de SOS ser enviada mais rápida ou lentamente, teríamos de alterar essas duas variáveis. Como a duração de um traço sempre é três vezes a de um ponto, podemos expressar essa relação como no nosso código a seguir:

```
int dash = dot * 3;    // traço = ponto * 3
```

Aqui, você está definindo uma nova variável de nome dash (do tipo int) e atribuindo-lhe o valor de dot * 3. Na linguagem C, o sinal * significa *multiplicar*.

Assim como * é usado para multiplicar, você pode usar + para somar, – para subtrair e / para dividir.

Experimente mudar o valor de dot para 100 no programa e, em seguida, transfira-o (FLASH) para o Photon. Observe que agora o pisca-pisca está mais rápido.

» O Tipo int

O tipo int é usado para números inteiros. Esses números podem ser positivos, negativos ou 0, mas devem estar dentro do intervalo de −2.147.483.648 a 2.147.483.647.

Esse intervalo surpreenderá quem vem do mundo do Arduino, onde o intervalo para os números int é muito menor. A linguagem C tem outros tipos de números inteiros, como long (com o mesmo intervalo de int), e versões com e sem sinal. No entanto, na prática, costuma-se usar apenas o tipo int para representar os números inteiros.

» O Tipo float

Variáveis do tipo int são adequadas para números inteiros, como em contagens ou indicação de números de pino, mas às vezes pode ser necessário usar números com valores fracionários decimais. Por exemplo, se você estiver lendo temperaturas de um sensor, pode ocorrer que o grau inteiro mais próximo disponível não seja suficientemente preciso para representar uma temperatura lida com o valor decimal 68,3 graus.

Para esses números, não é possível usar o tipo int. Você usa um tipo fracionário decimal cujo nome é float (flutuante). Eles são denominados *flutuantes*, porque a vírgula é *flutuante*.* Isto é, a posição da vírgula decimal pode estar em qualquer lugar no número: eles não têm um número fixo de casas decimais, digamos, duas casas decimais após a vírgula.

Aqui está um exemplo de número do tipo float.

```
float temperature = 68.3;
```

Os números flutuantes ocupam um intervalo de representação muito amplo, desde −3,4028235E+38 a 3,4028235E+38. A notação E+38 significa multiplicar por 10 elevado ao expoente +38. Esses números assumem valores muito maiores do que costuma ser necessário na prática. Para os leitores interessados, os números flutuantes ocupam 32 bits.

Desse modo, se os números do tipo float têm um intervalo de representação muito mais amplo, por que se preocupar com os números do tipo int? Realmente, nós poderíamos usar números do tipo float e os números inteiros seriam representados colocando .0 no final (por exemplo, 7 seria 7.0).

---

*N. de T.: Em relação ao modo de escrever números fracionários decimais, cabe lembrar que nos Estados Unidos usa-se o ponto onde no Brasil usa-se a vírgula. Por exemplo, 14,67 no Brasil é escrito 14.67 nos Estados Unidos. Assim, no texto original em inglês deste livro, *vírgula flutuante* corresponde a *floating point* (*ponto flutuante*). Como todo o ambiente de desenvolvimento do Photon é em inglês, é possível que venhamos a usar a expressão *ponto flutuante* em lugar de *vírgula flutuante* conforme a necessidade.

A razão pela qual não se faz isso é porque os números flutuantes são enganadores. Embora eles ocupem um intervalo bem amplo para representar valores, eles usam um sistema interno que representa os números de forma aproximada e não exata. Eles são capazes de representar números que podem ter até 39 casas. Entretanto, se você fizer operações aritméticas com dois desses números, o resultado poderá não ser exato, obtendo valores como, por exemplo, 2 + 2 = 3.9999999999999999999.

A probabilidade desse erro acontecer pode ser reduzida usando o tipo `double`, que usa uma representação com 64 bits e é, portanto, bem mais precisa.

A execução das operações aritméticas é mais lenta quando se usa `float` do que quando se usa `int`, e, se você usar o tipo `double`, será necessário o dobro de memória. Portanto, evite o uso de `float` ou `double` a menos que você tenha uma boa razão para isso, como no exemplo anterior de temperatura.

>> Outros Tipos

À medida que formos avançando neste livro, você encontrará outros tipos de dados como `boolean` (booleano), que representa os valores lógicos `true` (verdadeiro) e `false` (falso), além de tipos mais complexos, como a `string`, que é usada na representação dos caracteres de um texto.

>> Arrays

Todas as variáveis até agora foram usadas apenas para representar valores simples. Entretanto, algumas vezes você precisará de uma estrutura de dados para representar um conjunto de valores – como, por exemplo, uma lista com as durações de pulsos luminosos.

Abra o aplicativo *ch_03_SOS_function* no Web IDE. Já vimos esse exemplo antes, mas ele é bem adequado para ser modificado e incluir um array com os valores das durações dos pulsos luminosos.

A função `loop` desse programa é:

```
void loop() {
    // transmitir os pulsos de luz para S (. . .)
    flash(200, 200);
    flash(200, 200);
    flash(200, 600);
```

```
    // transmitir os pulsos de luz para O (- - -)
    flash(600, 200);
    flash(600, 200);
    flash(600, 600);

    // transmitir os pulsos de luz para S (. . .)
    flash(200, 200);
    flash(200, 200);
    flash(200, 600);

    delay(2000); // retardo de 2 s antes de repetir
}
```

Se você remover os comentários desse código, ficarão nove comandos para fazermos o envio dos pulsos luminosos, um após o outro. Examinando o programa, vemos imediatamente que há nove pares de valores de duração e intervalo. Encontramos uma maneira de simplificar esse código usando as funções `flashS` e `flashO`, mas um outro modo de simplificar o código seria usar dois arrays: um para as durações (durations) e outro para os intervalos (gaps). Poderíamos então percorrer cada um dos elementos desses arrays e, com os valores assim lidos, chamar `flash`. Desse modo, poderíamos mudar a mensagem em código Morse simplesmente alterando os conteúdos dos arrays.

A seguir, vemos como definir um array de durações (`durations`) com valores do tipo `int`:

```
int durations[] = {200, 200, 200, 600, 600, 600, 200, 200,
200};
```

Observe que o nome da variável inclui agora o par de colchetes [ ] para indicar que se trata de um array, contendo um conjunto de valores, e não apenas um único valor. Os valores separados por vírgula dentro do par de chaves { } são os valores que serão colocados no array. Nesse caso, esses valores são as durações usadas nas chamadas da função `flash` dentro do `loop`.

Poderíamos fazer o mesmo com os intervalos (`gaps`) para as chamadas da função `flash`:

```
int gaps[] = {200, 200, 600, 200, 200, 600, 200, 200, 600};
```

É como se houvesse duas fitas, com o mesmo número de valores em cada, para serem lidas por uma máquina que usaria o valor de uma das fitas para a duração do pulso luminoso e o valor da outra fita para o intervalo. Depois de lido o par de valores, as fitas avançariam para a próxima posição de leitura.

» Laços de Repetição

Agora que dispomos dos dois arrays, precisamos de um meio para ler sequencialmente os pares de valores nesses arrays e usá-los chamando a função `flash`.

Esse tipo de execução é denominado *iteração* e, na linguagem C, há uma instrução útil para isso: é o comando `for`.

Aqui está o programa modificado que usa `for` para percorrer cada elemento dos arrays e chamar a função `flash`, enviando os pulsos luminosos. Se você quiser examinar o programa completo, ele está no arquivo *ch_03_SOS_Array*.

```
int durations[] = {200, 200, 200, 600, 600, 600, 200, 200,
                   200};
int gaps[]      = {200, 200, 600, 200, 200, 600, 200, 200,
                   600};

void setup() {
    RGB.control(true);
}

void loop() {
    for (int i = 0; i < 9; i++) {
        flash(durations[i], gaps[i]);
    }
    delay(2000); // retardo de 2 s antes de repetir
}

void flash(int duration, int gap) {
    RGB.color(255, 255, 255);
    delay(duration);
    RGB.color(0, 0, 0);
    delay(gap);
}
```

A sintaxe desse comando `for` é confusa. É parecida com uma chamada de função, mas é diferente porque tem partes separadas por ponto e vírgula.

Se você é novo em programação, provavelmente o melhor é usar o laço de repetição `for` para fazer contagens. Copie a linha que começa com `for` e troque o valor 9 de `i` por qualquer valor que seja o final de uma contagem que você gostaria que o laço de `for` atingisse. Não é você; a sintaxe é realmente um pouco esquisita.

A primeira coisa que vemos dentro dos parênteses do comando `for` é uma definição de variável. Nesse caso, a variável inteira `i` (de *índice*) é inicializada com o valor 0 e será usada para indicar a posição onde estamos dentro dos arrays. A primeira posição dentro dos arrays é a posição 0.

A seguir, há um ponto e vírgula e a expressão `i < 9`. Essa é a condição necessária para permanecermos dentro do laço de repetição do `for`. Em outras palavras, enquanto `i` for menor que 9, o programa não sairá de dentro do `for`, passando para o comando `delay(2000)`. Isso significa que nosso programa ficará preso dentro do `for` a não ser que façamos alguma coisa para mudar o valor de `i`. É aqui que entra em ação a última parte dos parâmetros que estão dentro dos parênteses `()` do comando `for`. A expressão `i++` significa acrescentar 1 ao valor de `i` a cada repetição do laço de `for`.

Desse modo, a cada repetição do laço de `for`, a função `flash` será chamada com o valor da i-*ésima* posição de `durations` e o valor da i-*ésima* posição de `gaps`. Esse é o significado do par de colchetes `[i]` que acompanha cada variável do tipo array. Em seguida, a variável `i` será incrementada e `for` chamará `flash` novamente, mas agora o valor de `i` terá mudado de 0 para 1. Isso se repetirá até `i` chegar a 9. Como `i` deixou de ser menor que 9, o laço de `for` será encerrado e o programa passará para a última linha da função `loop`, ou seja, o comando `delay(2000)` com o retardo de 2 segundos.

Como mencionamos antes, se mudarmos o conteúdo dos arrays, poderemos mudar completamente a mensagem. Tente fazer isso carregando o exemplo *ch3_03_flash_photon*. Observe que o valor máximo de `i` no laço de `for` foi alterado de 9 para 16 porque os arrays tornaram-se maiores.

Você deve ter observado que `i` começa com o valor 0 e não 1. Na linguagem C, o primeiro elemento de um array é o elemento zero e não o elemento um.

» Strings

O nosso exemplo de código Morse está evoluindo de algo muito específico que só envia a mensagem de SOS para algo que no final será capaz de enviar qualquer mensagem que for submetida para ser transmitida.

O programa deverá dispor de algum meio para representar um texto. A seguir, introduziremos um novo tipo de variável denominado `String`. Começamos dando um exemplo de como criar uma variável do tipo `String`. No caso, trata-se da variável `message` cujo valor é o texto dado pela sequência de caracteres My Photon speaks Morse:

```
String message = "My Photon speaks Morse"; // "Meu Photon
                                           // fala Morse"
```

O valor dado à string está delimitado por aspas duplas. Se você estiver acostumado a usar linguagens como Python que permitem o uso de aspas simples ou duplas, fique atento, porque a linguagem C aceita somente aspas duplas. Em C, as aspas simples estão reservadas para caracteres simples do tipo `char`. Mais adiante, veremos o tipo `char`.

Há diversas coisas que podemos fazer com strings. Para começar, você pode contar quantos caracteres há em uma string, como vemos a seguir:

```
String message = "My Photon speaks Morse";
int len = message.length();
```

A função `length` é o que denominamos *método*. A diferença entre um método e uma função é que o método pertence a um tipo de variável. Assim, as strings têm um método associado denominado `length` (comprimento) que você pode chamar usando a notação de um ponto após o nome da variável de tipo `String` seguido da palavra `length`. Neste caso, o método `length` retorna um valor (o número de caracteres da string), o qual pode ser atribuído a uma variável do tipo `int`.

Como mencionamos antes, a linguagem C tem um tipo específico de variável para representar um único caractere, e não uma sequência deles. Como uma string é feita de uma sequência de caracteres, ela se assemelha a um array. Você pode ter acesso a qualquer um dos caracteres individuais da string usando o método `charAt()` (caractere na posição). O exemplo seguinte atribui à variável `letter` (letra) o caractere P localizado na posição 3 da string `message`:

```
String message = "My Photon speaks Morse";
char letter = message.charAt(3);
```

Como nos arrays, as posições indexadas começam em 0 e não em 1.

Há muitas outras coisas que você pode fazer com strings e nós as encontraremos quando estivermos terminando o projeto de Código Morse Luminoso.

» Comandos do Tipo if

Você encontrará muitas vezes o comando `if` (se) da linguagem C em programas de todos os tamanhos. Permite que o programa decida o que fazer a seguir baseando-se em alguma condição dada. Ele trabalha do mesmo modo que a palavra *se* atua em uma frase. Assim, por exemplo, sabendo que o intervalo entre palavras em código Morse é sete vezes a duração de um ponto, então a frase "Se o caractere for um espaço, faça um retardo de tempo equivalente a sete pontos." pode ser traduzida em comandos de programa como segue:

```
if (letter == ' ') { // se o valor de letter for um espaço,
   delay(dot * 7);   // então efetue um retardo de 7 vezes
                     // a duração de um ponto
}
```

Observe que, quando uma letra é comparada com o caractere de espaço, foram usados dois sinais de igualdade (==). Isso permite diferenciar do caso em que usamos um único sinal de igualdade para atribuir um valor a uma variável. Uma razão comum de um programa não fazer o esperado é o uso incorreto de = em lugar de ==.

Você pode usar == para verificar se duas coisas são iguais ou != para testar se não são iguais. Você também pode usar < (menor do que), <= (menor ou igual a), > (maior do que) ou >= (maior ou igual a).

Também é possível combinar mais de uma condição usando os operadores lógicos && (e) e || (ou). No exemplo a seguir, o código contido entre os dois sinais de chave {} dentro do comando if será executado somente se o valor de letter (letra) estiver entre *a* e *z* (ou seja, maior ou igual a *a* e menor ou igual a *z*, tratando-se de uma letra minúscula). Essas comparações podem ser feitas com dados dos tipos int, float e char, mas não com String.

```
if (letter >= 'a' && letter <= 'z') {
    // É uma letra minúscula. Faça alguma coisa!
}
```

O comando else (senão) trabalha combinado com if. O uso é o mesmo que se faz em português. Por exemplo, em português podemos escrever "Se a temperatura for menor do que 15 graus, ligue o aquecedor senão desligue-o".

Em linguagem C, isso seria como:

```
if (temperatura < 15.0) {
    aquecedorLigado();
else {
    aquecedorDesligado();
}
```

A funções em C denominadas aquecedorLigado e aquecedorDesligado foram escritas antes e servem para controlar o aquecimento.

» Projeto 3. Código Morse Luminoso

Neste projeto, você vai reunir tudo que aprendeu sobre a programação do Photon. Este projeto transmitirá qualquer texto definido como uma string na forma de código Morse luminoso.

No Projeto 4, você usará esse mesmo programa com um LED externo e no Projeto 8 você enviará mensagens em código Morse usando uma interface com a web.

Software

Você pode encontrar o código para esse projeto na biblioteca de exemplos com o nome *p_03_Morse_Flasher*. Para analisar melhor o código, eu sugiro que você abra esse programa no Web IDE.

A primeira linha do programa define a mensagem que deve ser transmitida:

```
String message = "My Photon speaks Morse";
// "Meu Photon fala Morse"
```

Você pode trocar o conteúdo da mensagem por qualquer outro texto que preferir.

Prosseguindo, estão as variáveis dot e dash que especificam as durações dos pulsos luminosos. Em seguida, temos os arrays de strings contendo a definição de cada letra maiúscula do alfabeto em código Morse:

```
int dot = 200;
int dash = dot * 3;

String letters[] = {
    ".-", "-...", "-.-.", "-..", ".", "..-.", "--.",   // A-G
    "....", "..", ".---", "-.-", ".-..", "--", "-.",   // H-N
    "---", ".--.", "--.-", ".-.", "...", "-", "..-",   // O-U
    "...-", ".--", "-..-", "-.--", "--.."              // V-Z
};
```

Como em código Morse não há distinção entre letras maiúsculas e minúsculas, o array acima serve também para letras minúsculas.

Cada uma das letras de *A* a *Z* é representada por um elemento do array. O primeiro elemento do array é a string `".-"` para a letra A, o segundo é `"-..."` para a letra B, etc. Esse array será consultado para saber como a sequência de pontos e traços deve ser transmitida na forma de pulsos ou flashes luminosos para representar uma dada letra em código Morse.

A função setup assume o controle do LED RGB e agora a função loop começa chamando a função flashMessage.

```
void setup() {
    RGB.control(true);
}

void loop() {
    flashMessage(message);
    delay(5000); // retardo de 5 s antes de repetir
}
```

Esse tipo de programação é denominado *programação por intenção*. Você sabe o que pretende fazer dentro da função `loop`: você quer transmitir a mensagem através de pulsos luminosos, esperar um pouco e, em seguida, enviar novamente a mensagem. Você se ocupará mais tarde dos detalhes de funcionamento da função `flashMessage`.

De fato, a implementação da função `flashMessage` é o próximo passo. É lógico que, para transmitir uma mensagem completa, você envia uma letra de cada vez:

```
void flashMessage(String message) {
    for (int i = 0; i < message.length(); i++) {
        char letter = message.charAt(i);
        flashLetter(letter);
    }
}
```

Desse modo, tudo o que `flashMessage` precisa fazer é percorrer cada letra da mensagem e chamar uma função `flashLetter` para aquela letra. Novamente, nós estamos deixando o trabalho real de fazer o LED piscar para a função `flashLetter`, que ainda não foi escrita. Veja como o problema vai se desdobrando naturalmente:

```
void flashLetter(char letter) {
    if (letter >= 'a' && letter <= 'z') {
    flashDotsAndDashes(letters[letter - 'a']);
    }
    else if (letter >= 'A' && letter <= 'Z') {
        flashDotsAndDashes(letters[letter - 'A']);
    }
    else if (letter == ' ') {
        delay(dot * 7); // intervalo entre palavras
    }
}
```

A função `flashLetter` é um pouco mais complexa. Primeiro, nós precisamos usar comandos `if` para decidir se a letra a ser transmitida é maiúscula, minúscula ou se é um caractere de espaço (separando palavras da mensagem). Depois, precisamos saber qual é a posição no array `letters` da definição dos pontos e traços dessa letra. No caso de letra minúscula, essa posição é dada fazendo uma operação de subtração com o valor do código de caractere dessa letra menos o valor do código de caractere da letra *a*. Se a letra for maiúscula, o valor subtraído será o valor do código de caractere da letra *A*, em vez do de *a*.

Finalmente, se a letra for um espaço, isso indica que se trata do final de uma palavra da mensagem. O padrão em código Morse é deixar um intervalo de tempo equivalente a sete pontos entre duas palavras.

Novamente, estamos deixando o trabalho de emissão (flash) dos pulsos luminosos a uma função denominada `flashDotsAndDashes`:

```
void flashDotsAndDashes(String dotsAndDashes) {
    for (int i = 0; i < dotsAndDashes.length(); i++) {
        char dotOrDash = dotsAndDashes.charAt(i);
        if (dotOrDash == '.') {
            flash(dot);  // comando do LED para enviar um ponto
        }
        else {
            flash(dash); // comando do LED para enviar um traço
        }
        delay(dot);      // intervalo entre os pontos e
                         // traços de uma mesma letra
    }
    delay(dash - dot);   // intervalo entre as letras de
                         // uma mesma palavra
}
```

O parâmetro passado a `flashDotsAndDashes` é uma string. Essa string será constituída dos pontos e traços (DotsAndDashes) de uma dada letra (por exemplo, a string –... para a letra *B*). Assim, para enviar os pulsos luminosos dos pontos e traços da letra, você precisa percorrer cada caractere daquela string, transmitindo cada ponto ou traço.

Depois de transmitir um ponto ou traço de uma dada letra e antes de transmitir o próximo ponto ou traço dessa letra, deve haver um intervalo de tempo equivalente a um ponto. Quando você completar a transmissão de toda a sequência de pontos e traços dessa letra, é necessário um intervalo de tempo equivalente a um traço antes de iniciar a transmissão da próxima letra. Entretanto, já houve um retardo de um ponto após o último ponto ou traço transmitido. Desse modo, para compensar, o retardo agora será de um traço menos um ponto.

Nós ainda não estamos realmente controlando o LED para emitir os pulsos luminosos. Isso acontece na função `flash`, que recebe a duração do pulso luminoso (ponto ou traço) na forma de um parâmetro. Esta é a função que liga e desliga o LED:

```
void flash(int duration) {
    RGB.color(255, 255, 255);
    delay(duration);
    RGB.color(0, 0, 0);
}
```

Isso é tudo para esse projeto. Tente mudar a mensagem e também a velocidade do código Morse alterando o valor da variável `dot`.

» Resumo

Neste capítulo, iniciamos realmente a programação do Photon mostrando o suficiente para você começar a programar. À medida que avançarmos no livro, você aprenderá muito mais sobre a programação do Photon.

No próximo capítulo, você aprenderá a conectar hardware ao Photon usando uma placa de protoboard.

CAPÍTULO 4

Protoboard

Neste capítulo, aprenderemos a ligar alguns componentes eletrônicos simples ao Photon, incluindo LEDs e chaves. Para fazer essas ligações, você utilizará o *protoboard*, um dispositivo que permite conectar componentes sem necessidade de fazer soldas. Inventado como uma ferramenta para que os engenheiros eletrônicos construíssem protótipos de seus projetos, o protoboard permite realizar facilmente modificações antes que o projeto chegue a uma forma final definitiva com os componentes soldados entre si. Ele pode ser um recurso excelente para você fazer experimentos de eletrônica e desenvolver seus próprios projetos sem que nenhuma solda seja feita.

OBJETIVOS DE APRENDIZAGEM

- » Conhecer a estrutura e funcionamento de um protoboard.
- » Usar um protoboard para conectar um LED externo ao Photon.
- » Usar um protoboard para conectar as saídas digitais do Photon.
- » Desenvolver um projeto em protoboard conectando um LED externo ao Photon.
- » Aprender a conectar uma chave externa e usar as entradas digitais do Photon.
- » Desenvolver um projeto acrescentando uma chave ao projeto anterior.
- » Aprender a usar os recursos de saída analógica do Photon.

A Figura 4-1 mostra um protoboard com um Core (antecessor do Photon), um LED e um resistor conectados. Um Photon também poderia ser usado.

Quando você compra um Photon, você pode optar por comprar também um protoboard e os pinos de conexão. Se você não fizer essa opção, mas se limitar apenas ao Photon, não se preocupe; no Apêndice A você encontrará fornecedores para o protoboard e os pinos da placa do Photon. Lá você também encontrará fornecedores para os projetos que virão nos próximos capítulos.

» Como um Protoboard Funciona

A Figura 4-2 mostra um protoboard que foi desmontado e uma das peças metálicas que foi removida, permitindo ver como um protoboard funciona por detrás da cobertura de plástico.

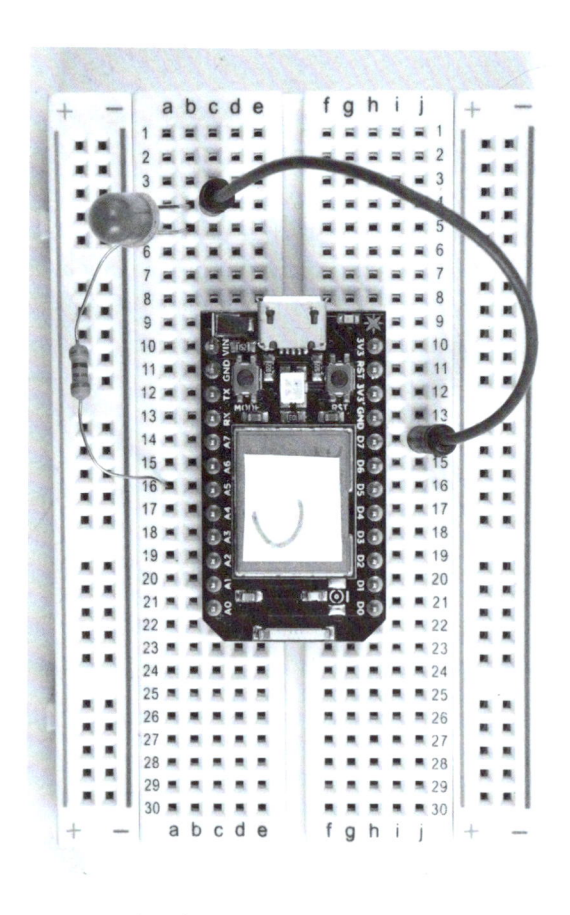

Figura 4-1 » Um Core em um protoboard.

Atrás dos orifícios da face frontal plastificada de um protoboard, como vemos na figura, há peças de metal feitas para "agarrar" as extremidades de fios e terminais de componentes. Cada uma dessas peças corresponde a cinco orifícios eletricamente conectados. Essas peças estão dispostas em dois bancos de 30 peças, à esquerda e à direita do sulco central, totalizando 300 orifícios.

Na Figura 4-2, também podemos ver peças metálicas longas que, na parte frontal do protoboard, correspondem a linhas azuis e vermelhas, totalizando 100 orifícios. Esses orifícios poderão ser usados para fornecer energia elétrica aos componentes do seu projeto.

Essa é a configuração do protoboard padrão de tamanho médio (com 400 furos ou pontos) que costuma ser oferecida como opção quando você compra um Photon*.

Figura 4-2 >> Um protoboard desmontado.

---

*N. de T.: Para facilitar a compreensão mais adiante, diremos que cada grupo de cinco orifícios eletricamente conectados forma uma coluna e o conjunto de todos os orifícios justapostos que ocupam a mesma posição em colunas vizinhas formam uma linha. Por exemplo, na Figura 4-1, uma extremidade do cabo jumper de conexão está inserida no orifício dado pela coluna 4 e linha c e a outra extremidade, no furo dado pela coluna 14 e linha j.

Conectando um LED

Em um LED, há emissão de luz quando uma corrente circula. Infelizmente, os LEDs são muito ávidos por corrente, sendo muito difícil controlar essa corrente. Quando são alimentados com uma fonte de tensão, como algum pino de saída de um Photon, eles sugam o máximo de corrente que conseguem. Isso leva a um sobreaquecimento, encurtando a vida útil ou mesmo danificando o próprio Photon.

Para evitar esses problemas, os LEDs são utilizados com um limitador de corrente. O componente que limita essa corrente é denominado *resistor*.

O diagrama esquemático da Figura 4-3 mostra um resistor utilizado com um LED.

Os dois pinos do Photon usados são GND e D7. GND, ou "ground" (terra), é a tensão de referência em relação à qual todas as demais tensões do Photon são medidas. Por exemplo, o pino 3V3 está 3,3 volts acima ou mais positivo que GND. A corrente circula indo de uma tensão mais elevada para uma menos elevada. Desse modo, se a saída digital D7 estiver em 0 volts (estado LOW ou baixo), nenhuma corrente circulará, mas, se estiver em 3,3 volts (estado HIGH ou alto), então a corrente poderá circular saindo de D7, passando através do resistor (linha em zigue-zague), entrando no LED e chegando a GND. Talvez seja mais fácil de

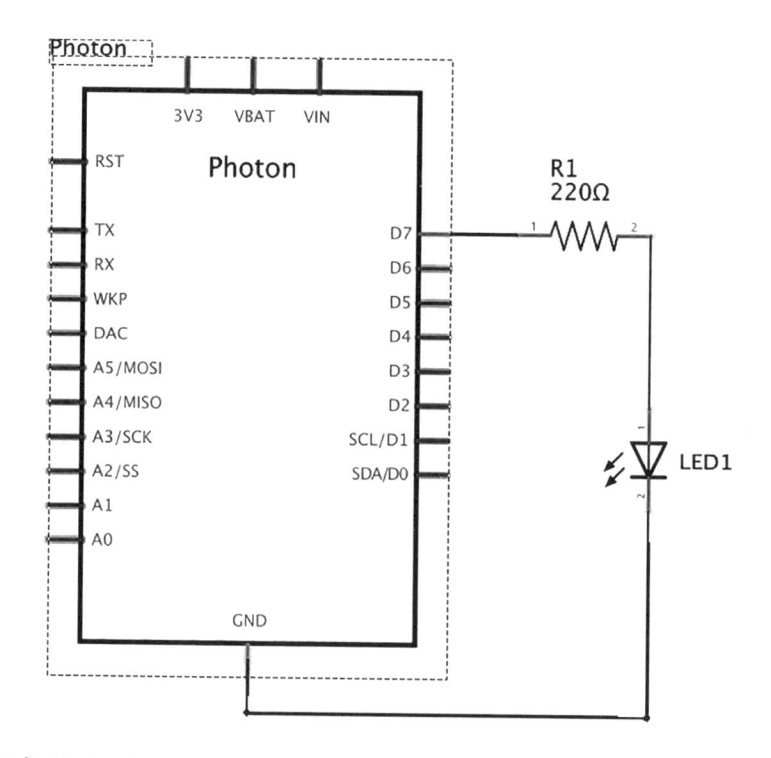

Figura 4-3 ›› Limitando a corrente em um LED com um resistor.

entender se você pensar na corrente como água descendo de um ponto de maior elevação em direção ao nível do mar.

>> Saídas Digitais

Os pinos D0 a D7 e A0 a A5 do Photon podem ser usados como saídas digitais. Assim, você pode escrever alguns comandos no seu programa para ativá-los ou desativá-los. Mais exatamente, os comandos colocam as tensões nesses pinos em 3,3 volts ou 0 volt (GND).

Como os pinos podem ser usados como entradas ou saídas, a primeira coisa que você deve fazer na função `setup` de um programa é especificar para cada pino que você for usar qual é seu modo de operação: entrada ou saída. Na seção "Entradas Digitais", na página 68, você aprenderá a definir um pino como entrada. Para especificar que um pino denominado `pin` será uma saída (OUTPUT), você deve incluir o comando `pinMode` (Modo do pino) na função `setup`:

```
pinMode(pin, OUTPUT);
```

Para fazer o pino assumir o valor HIGH (alto) ou LOW (baixo), você usará o comando `digitalWrite` (Escrever digital). Assim, assumindo que a variável `pin` foi atribuída a um dos pinos (digamos, D7), então, para fazer o pino assumir o valor HIGH, você usará o comando

```
digitalWrite(pin, HIGH);
```

e, para o valor LOW, você usará o comando

```
digitalWrite(pin, LOW);
```

No Projeto 4, você usará esses comandos para construir um dispositivo capaz de fazer transmissão de pulsos luminosos em código Morse.

>> Projeto 4. Código Morse Luminoso (com LED Externo)

Agora que você aprendeu a usar um LED com um Photon, você poderá modificar o Projeto 3, Código Morse Luminoso, para usar um LED externo no lugar do LED RGB do Photon.

>> Componentes

Para construir este projeto, você precisará das partes listadas na Tabela 4-1, além do seu Photon.

>> Hardware

Nós podemos converter o diagrama esquemático da Figura 4-3 em uma montagem em protoboard, como mostra a Figura 4-4.

Comece inserindo um dos terminais do resistor (não importa qual dos dois) na coluna do protoboard onde foi inserido o pino D7 do Photon. Neste caso, é a coluna 14. Em seguida, coloque o outro terminal do resistor na coluna 4 do protoboard (veja a Figura 4-4).

No LED, um dos terminais é mais longo do que o outro. O longo é o terminal positivo e deve ser inserido na mesma coluna 4 que o resistor. O terminal mais curto é o negativo e está inserido na coluna 3.

Finalmente, conecte no lado esquerdo um fio (jumper) entre a coluna 11 conectada ao pino GND do Photon e a coluna 3 no lado direito na qual o terminal negativo do LED está inserido.

>> Software

Se você quiser verificar se o seu hardware está funcionando, você poderá fazer o download (FLASH) do programa "Blink an LED" da seção de Exemplos do Web IDE para o seu Photon. Esse é o mesmo programa que você usou no Projeto 1.

Quando esse programa estiver sendo executado, você verá piscando ao mesmo tempo o LED interno do Photon e o LED que você instalou no protoboard.

Tabela 4-1 >> **Lista de componentes para o Projeto 4**

Componente	Descrição	Código no Apêndice A
LED1	Vermelho ou qualquer outro LED colorido	C2
R1	Resistor de 220Ω	C1
	Fios de conexão (jumper) macho-macho	H4
	Protoboard de tamanho médio (400 furos)	H5

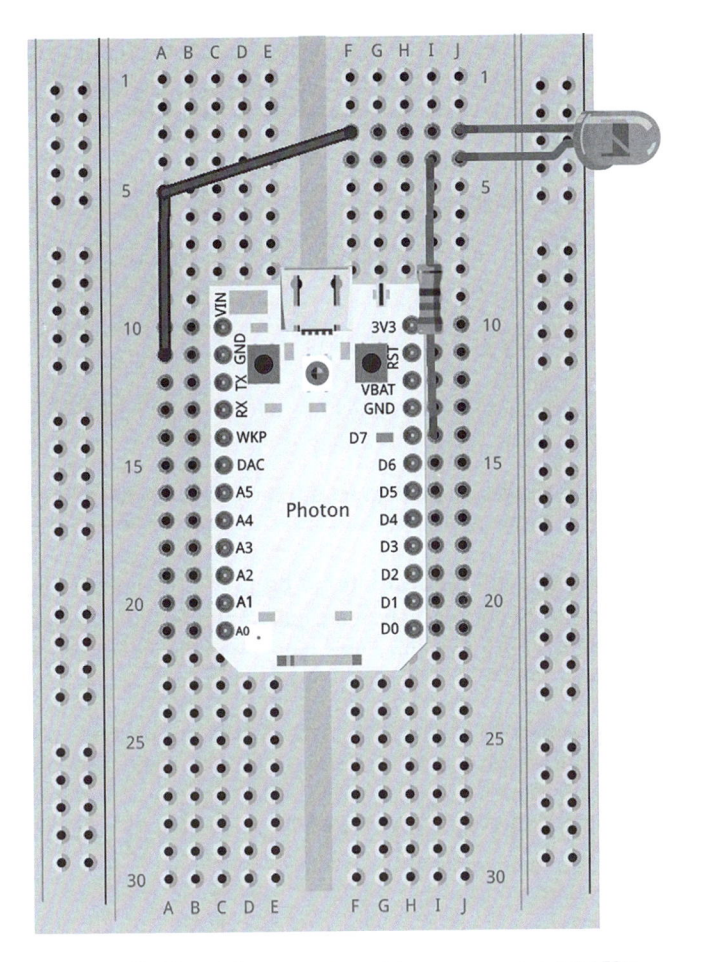

Figura 4-4 >> Disposição em protoboard dos componentes para LED e Photon.

Se o projeto não funcionar, confira cuidadosamente as conexões e assegure-se de que os terminais longo e curto do LED estejam inseridos de forma correta. Se você não inserir corretamente o LED, ele não será danificado, mas também não funcionará.

Quando você conseguir fazer o pisca-pisca básico funcionar, poderá fazer o download (FLASH) do programa específico deste projeto, que pode ser encontrado juntamente com todos os projetos deste livro na biblioteca de nome *PHOTON_BOOK* (ver detalhes no Prefácio). O arquivo tem o nome *p_04_Morse_External_LED*.

Há poucas diferenças entre este programa e o do Projeto 3. Todas têm a ver com as alterações necessárias para usar o LED externo no pino D7 no lugar do LED RGB do Photon. A primeira modificação é o acréscimo de uma nova variável (`ledPin`) para especificar o pino que será usado para conectar o LED externo:

```
int ledPin = D7;
```

A função `setup` também é ligeiramente diferente porque agora você deve fazer o `ledPin` ser uma saída:

```
void setup() {
    pinMode(ledPin, OUTPUT);
}
```

A última alteração está bem no final do programa, na função `flash` (Piscar):

```
void flash(int duration) {
    digitalWrite(ledPin, HIGH);
    delay(duration);
    digitalWrite(ledPin, LOW);
}
```

Agora a função `flash` fará o pino `ledPin` ser ativado e desativado em vez do LED RGB do Photon.

Observe que tanto o pequeno LED azul interno do Photon quanto o LED colocado no protoboard irão piscar transmitindo a mensagem, pois ambos estão conectados ao pino D7. O LED azul consome muito pouca corrente e tem efeito insignificante sobre o funcionamento daquele pino como saída.

Acrescentando uma Chave

Assim como um LED é provavelmente o componente mais usado como saída digital, uma chave é provavelmente a entrada mais comum.

A Figura 4-5 mostra um diagrama para conectar uma chave ao pino D3 de um Photon.

O símbolo da chave S1 é um pouco estranho. Os contatos da chave estão no centro e os dois terminais mais à esquerda são usados. Um terminal vai para o pino D3, que será usado como entrada digital, e outro vai para GND. Assim, quando a chave for pressionada, a entrada digital D3 estará conectada com GND (0V).

A chave mostrada aqui e usada no próximo projeto é denominada *chave táctil* e costuma ter quatro terminais (veja também a parte inferior da Figura 4-6). Isso dá uma resistência mecânica maior quando a chave é soldada em uma placa de circuito impresso (PCB) (ou usada em um protoboard). Os dois terminais não usados à direita melhoram a fixação mecânica.

Em alguns diagramas esquemáticos em que aparecem chaves conectadas a um microcontrolador, você poderá encontrar um *resistor de pull-up* conectado entre uma entrada digital e 3,3 volts. A finalidade desse resistor é manter "puxada para cima" (*pull-up*) a tensão da entrada em 3,3 volts (estado HIGH ou alto) até que a chave seja pressionada. No momento

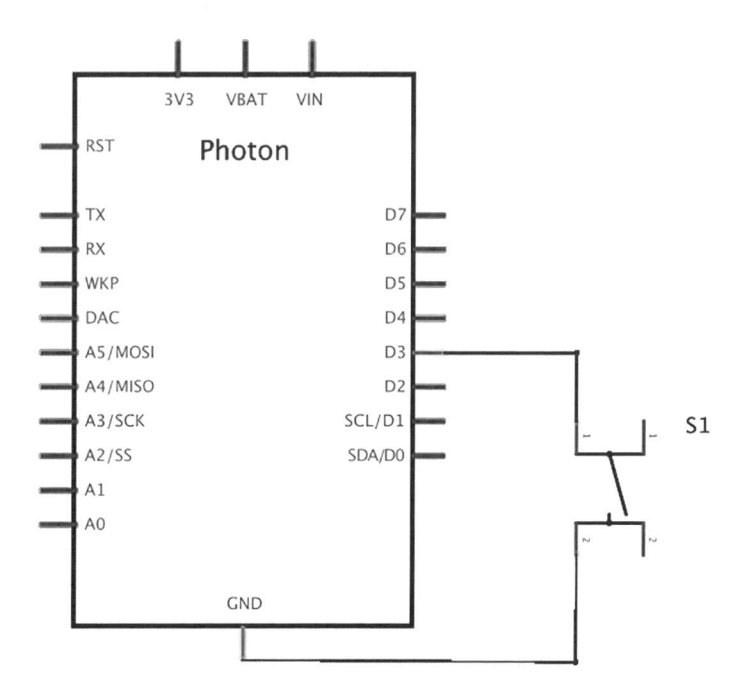

Figura 4-5 >> Conectando uma chave a um Photon.

em que a chave é apertada, o efeito elétrico da chave sobrepõe-se ao efeito de puxar para cima do resistor e a entrada é levada ao estado LOW ou baixo. Isso não é necessário no caso do Photon porque seus pinos digitais já vêm com resistores internos de *pull-up* que podem ser ativados diretamente a partir de comandos em seus programas.

CHAVES E SAÍDAS

A chave fez a conexão elétrica entre D3 e GND. Isso é aceitável desde que D3 funcione como entrada. Entretanto, se o programa que estiver sendo executado no Photon usar o pino D3 como saída e acontecer que essa saída esteja em estado HIGH (3,3V), então, no momento em que a chave for pressionada, haverá um curto-circuito entre a saída em 3,3V e GND.

Isso é muito ruim e é bem provável que o Photon seja danificado. Portanto, quando você estiver usando um Photon com entradas digitais, é uma boa ideia carregar primeiro o programa antes que você comece a fazer a montagem do hardware. Dessa forma, não haverá perigo de uma saída digital sofrer um curto-circuito com GND.

Entradas Digitais

Antes de você começar a usar um pino do Photon, você deverá primeiro usar a função `pinMode` para especificar que o modo de funcionamento do pino será de entrada. Para isso, você dispõe de três formas de entrada digital:

INPUT

> Sem resistores de *pull-up*. Isso é usado normalmente quando se conecta a entrada aos pinos digitais de um chip ou módulo.

INPUT_PULLUP

> O resistor de *pull-up* (puxar para cima) será habilitado. Use essa opção quando você ligar a entrada digital a uma chave que fará uma conexão elétrica com GND.

INPUT_PULLDOWN

> O resistor de *pull-down* (puxar para baixo) será habilitado. Use essa opção quando você ligar a entrada digital a uma chave que fará uma conexão elétrica com 3,3V.

Parece lógico usar a última opção e conectar uma chave a 3,3V de modo que, quando ela for pressionada, a entrada vá para o estado HIGH. Entretanto, é mais comum usar a opção INPUT_PULLUP e conectar a chave a GND. Em parte, isso deve-se ao fato de que as placas de Arduino não têm a terceira opção, mas também porque, se um pino for acidentalmente deixado como saída (veja a caixa de alerta), por *default** ela estará em nível LOW (baixo), reduzindo assim a probabilidade de ocorrer um curto-circuito acidental quando o botão da chave for pressionado.

Para usar a entrada conectada a uma chave táctil, como eu recomendo e está mostrado nas Figuras 4-5 e 4-6, você deverá acrescentar à sua função `setup` o seguinte comando para definir a entrada `switchPin` (pino da chave) como sendo uma entrada com *pull-up*:

```
pinMode(switchPin, INPUT_PULLUP);
```

No Projeto 5, o projeto de Código Morse Luminoso será modificado de modo que os pulsos luminosos serão enviados somente quando um botão for pressionado.

---

*N. de T.: O termo Default indica algo que será subentendido e automaticamente adotado se não houver nada em contrário. No caso, ficará subentendido que os pinos especificados como de saída estarão automaticamente em nível LOW.

Projeto 5. Código Morse Luminoso com Chave

Neste projeto, o Projeto 4 será ampliado para incluir uma chave táctil. Quando essa chave for pressionada, a mensagem começará a ser transmitida na forma de pulsos luminosos em código Morse.

Componentes

Para construir este projeto, você precisará das partes listadas na Tabela 4-2, além do seu Photon.

Esses componentes, fora a chave, são os mesmos do Projeto 4.

Software

O software deste projeto está disponível no arquivo *p_05_Morse_Switch*. O download (FLASH) desse arquivo para seu Photon deve ser feito antes da chave ser conectada.

A diferença fundamental entre esse programa e o do Projeto 4 é que há necessidade de uma nova variável para especificar o pino de entrada:

```
int switchPin = D3; // O pino da chave (switchPin) é o D3
```

Tabela 4-2 >> **Lista de componentes para o Projeto 5**

Componente	Descrição	Código no Apêndice A
LED1	Vermelho ou qualquer outro LED colorido	C2
R1	Resistor de 220Ω	C1
S1	Chave táctil	C3
	Fios de conexão (jumper) macho-macho	H4
	Protoboard de tamanho médio (400 furos)	H5

Na função `setup`, esse novo pino deve ser especificado como uma entrada com resistor de *pull-up* ativado:

```
void setup() {
    pinMode(ledPin, OUTPUT);
    pinMode(switchPin, INPUT_PULLUP);
}
```

Finalmente, a função `loop` precisa ser modificada de modo que a mensagem seja transmitida somente quando o botão estiver sendo pressionado. Podemos também remover o `delay` no final do `loop`, porque a mensagem será transmitida apenas enquanto o botão estiver pressionado, e não uma vez a cada repetição da função `loop`.

```
void loop() {
    if (digitalRead(switchPin) == LOW) {
        flashMessage(message);
    }
}
```

O comando `if` testa se o valor lido no pino da chave é `LOW`. Lembre-se de que a entrada será `LOW` (baixo) quando a chave estiver pressionada. Em caso contrário, a entrada será "puxada para cima" (*pull-up*) para o nível alto (`HIGH`).

» Hardware

A montagem dos componentes deste projeto inicia como no Projeto 4. Assim, se você ainda estiver com o Projeto 4 montado no protoboard, você deverá apenas acrescentar a chave e dois fios de conexão (jumpers) que ligam a chave ao Photon (Figura 4-6).

Observe que a chave táctil é inserida exatamente sobre o sulco central do protoboard. Isso assegura também que ela será inserida corretamente e que as conexões irão para um par de pinos que estão distanciados por apenas um furo.

» Colocando o Projeto em Funcionamento

Quando você terminar de fazer a montagem do projeto e pressionar a chave, você verá que a mensagem começará a ser transmitida na forma de pulsos luminosos em código Morse.

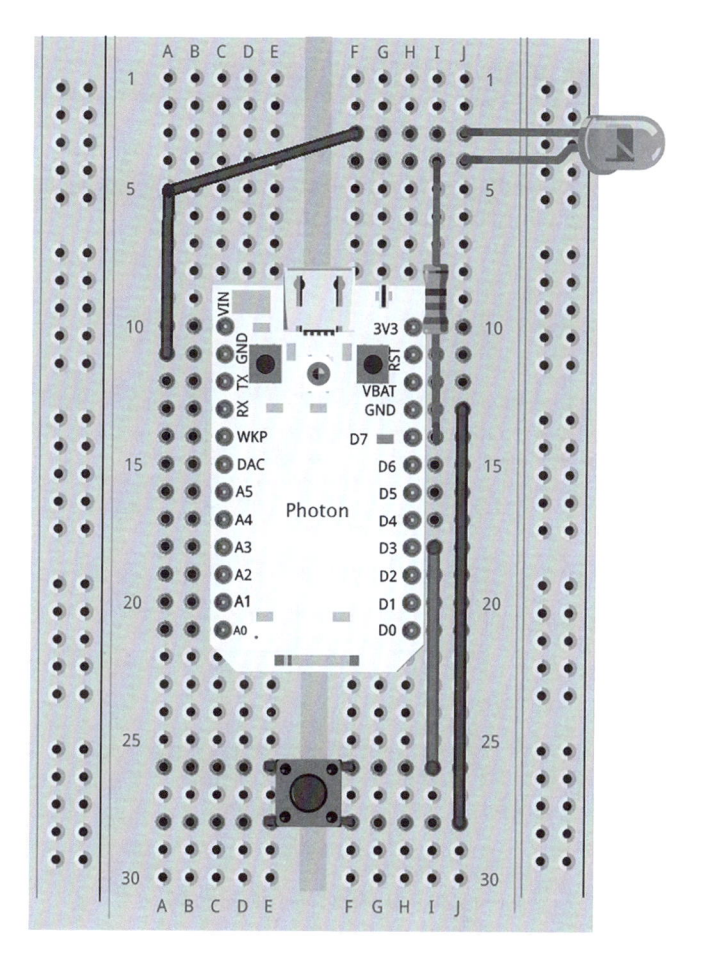

Figura 4-6 >> Disposição dos componentes no protoboard para o Projeto 5.

>> Saídas Analógicas

Após experimentar com as saídas digitais, isto é, ligar e desligar alguma coisa, é possível que você também queira controlar o brilho de um LED ou a velocidade de um motor. Para isso, você necessitará de uma saída analógica.

Alguns dos pinos do Photon (pinos D0, D1, D2, D3, A4, A5, WKP, RX, TX) podem ser usados como saídas analógicas. Esses pinos não são saídas analógicas verdadeiras, são saídas que controlam por meio de pulsos elétricos a alimentação elétrica dos dispositivos aos quais estão conectadas. Isso é obtido ligando e desligando rapidamente essas saídas (veja a seguir uma explicação sobre modulação por largura de pulso).

MODULAÇÃO POR LARGURA DE PULSO

No Photon, uma saída com modulação por largura de pulso (PWM, de Pulse-Width Modulation), produzirá 500 pulsos por segundo. A Figura 4-7 mostra três ciclos desses pulsos com larguras diferentes.

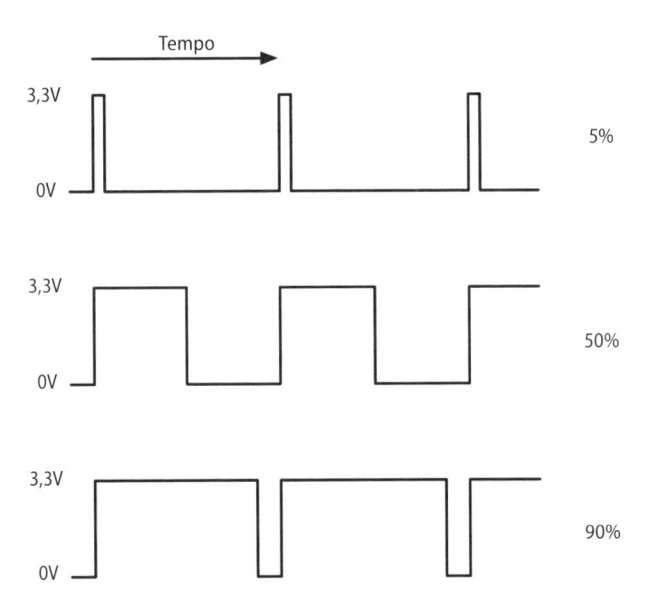

Figura 4-7 >> Modulação por largura de pulso.

Em uma saída PWM conectada a um dispositivo, quando os pulsos são bem curtos (digamos, nível alto em 3,3V durante apenas 5% do tempo de cada ciclo), circula uma quantidade relativamente pequena de energia para o dispositivo, qualquer que seja ele. Assim, no caso de um LED, ele estará com pouco brilho porque brilha apenas durante 5% do tempo de cada ciclo. Ele é chaveado* tão frequentemente que o olho humano não consegue perceber que está piscando rapidamente com um brilho fraco. O mesmo princípio pode ser usado para controlar um motor: apenas uma pequena "cutucada" de energia é dada ao motor em cada pulso.

Se a saída PWM estiver em nível alto (HIGH) durante metade do tempo, o dispositivo que está recebendo energia (a carga) estará operando com metade da potência; se a saída PWM estiver em nível alto (HIGH) durante a maior parte do tempo, então ele estará operando com muito mais potência.

---

*N. de T.: Isto é, o LED está sendo ligado, desligado, ligado, desligado e assim por diante continuamente. Os tempos em que ele permanece ligado e/ou desligado podem ser ajustados por programa. No caso do Photon, ocorrem 500 dessas repetições de ligado e desligado por segundo.

» Comando analogWrite

Para controlar uma saída PWM, devemos usar o comando `analogWrite` (Escrever analógico). Esse comando tem dois parâmetros, como vemos a seguir:

```
analogWrite(ledPin, 127);
```

O primeiro parâmetro (`ledPin`) é o pino que será usado como saída PWM e o segundo parâmetro (`127`) é o denominado *ciclo de trabalho*, isto é, quanto tempo cada pulso permanecerá em nível alto (HIGH). O ciclo de trabalho é um número entre 0, que significa permanentemente desligado (0%), e 255, que significa permanentemente ligado (100%). Desse modo, 127 fará a saída operar com um regime muito próximo de meia potência (127/255 é aproximadamente igual a 50%).

Se você usa um pino como saída PWM, ele deve ser definido antes como saída, usando o comando `pinMode`.

» Um Exemplo

Como exemplo do uso de PWM, você poderá modificar o hardware usado no Projeto 5 usando um pino que opera como saída PWM. Para isso, mova o terminal do resistor atualmente conectado em D7 para A5. A nova versão da montagem está mostrada na Figura 4-8.

Faça o download (FLASH) para o Photon do programa *ch_03_pwm_output*, que pode ser encontrado na biblioteca *PHOTON_BOOK* como:

```
int ledPin = A5;
int switchPin = D3;

int brightness = 0;   // brilho =

void setup() {
   pinMode(A5, OUTPUT);
   pinMode(switchPin, INPUT_PULLUP);
}
void loop() {
   if (digitalRead(switchPin) == LOW) {
      brightness += 25;        //25 é somado ao valor
      if (brightness > 255) {  //atual de brightness
         brightness = 0;
      }
      analogWrite(ledPin, brightness);
      delay(200);
   }
}
```

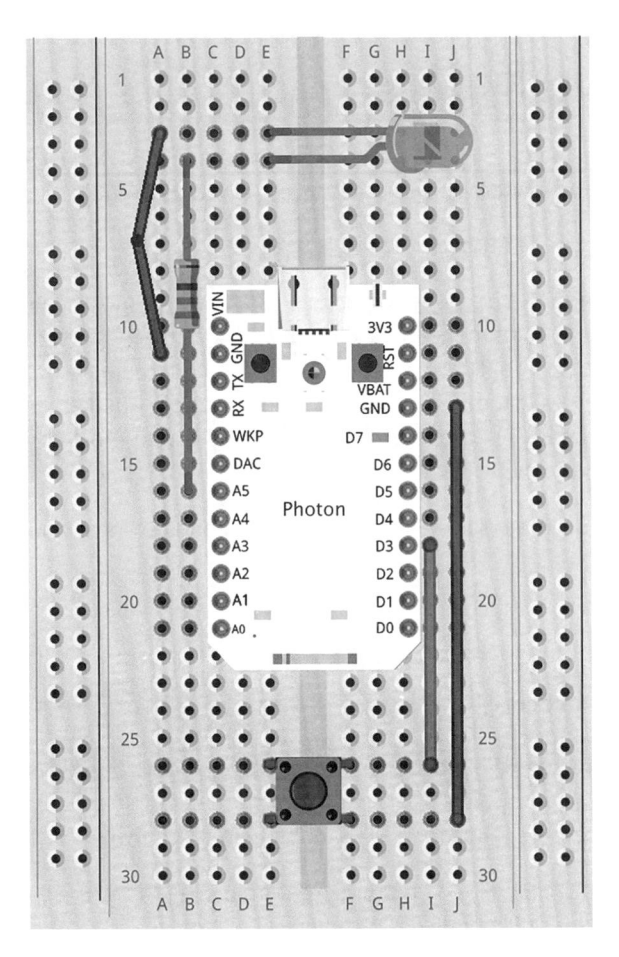

Figura 4-8 >> Disposição modificada dos componentes no protoboard para PWM.

Inicialmente, o LED estará desligado (brightness = 0), mas então, a cada vez que você pressionar o botão, ele ficará um pouco mais brilhante. Depois de algumas vezes, o LED voltará a estar apagado e o processo será repetido.

Uma variável de nome brightness (brilho) é usada para registrar qual é o valor corrente do ciclo de trabalho do pino ledPin. Essa variável é inicializada com o valor 0.

A função loop inicia com um comando if para verificar se o botão está pressionado. Em caso afirmativo, o valor 25 é somado à variável brightness (brilho). Se o valor de brightness ultrapassar 255, então ele será zerado (0).

O ciclo de trabalho no pino ledPin assume o valor corrente de brightness. A seguir, um retardo (delay) de 200 milissegundos evita que o valor seja alterado imediatamente porque o botão ainda está pressionado.

Uma Saída Analógica Verdadeira

O Photon dispõe também de uma saída analógica "verdadeira", ou seja, que não é PWM. Esse pino está imediatamente acima de A5 e é denominado DAC (Digital-Analog Converter ou Conversor Digital-Analógico). Diferentemente dos pinos que são capazes de operar como saída PWM, o pino DAC não utiliza pulsos. Sua tensão de saída realmente varia entre 0 e 3,3 volts.

Para ajustar a tensão do pino DAC, você usa o comando `analogWrite` do mesmo modo como faria com um pino PWM; por exemplo:

```
analogWrite(DAC, 127);
```

Resumo

Neste capítulo, você aprendeu o básico de entradas e saídas digitais. Na prática, ainda não vimos saídas e entradas analógicas reais, mas você as encontrará nos próximos capítulos.

No Capítulo 5, você conhecerá a Internet das Coisas (IoT – Internet of Things) e aprenderá a controlar dispositivos eletrônicos através da Internet.

CAPÍTULO 5

A Internet das Coisas

>> Exceto programar o Photon pela Internet, tudo mais que fizemos até agora poderia ter sido feito com algum outro dispositivo, como um Arduino, sem usar a Internet. Embora o Photon seja muito bom para substituir um Arduino, estaríamos deixando de lado o seu recurso mais poderoso que é a capacidade de atuar na *IoT – Internet das Coisas* (Internet of Things).

Neste capítulo, aprenderemos a nos comunicar através da Internet com um Photon, comandando um dispositivo ou lendo seus sensores.

OBJETIVOS DE APRENDIZAGEM

- » Usar o Photon na Internet por meio do serviço de nuvem IoT da Particle.
- » Conhecer e utilizar o conceito de função de nuvem IoT.
- » Disparar funções de nuvem IoT a partir de um navegador de web.
- » Conhecer e usar o conceito de variável de nuvem IoT.
- » Usar as entradas analógicas do Photon.
- » Usar módulos sensores de temperatura e luminosidade.
- » Desenvolver projetos com Photon.

» Funções

Para conseguir que muitos dispositivos de IoT se comuniquem através da Internet, é necessário fazer uma programação de rede muito complexa com esses dispositivos. Com o Photon não é assim. A Particle desenvolveu e oferece um ambiente simples de software que facilita muito o uso do Photon na Internet.

Mais adiante neste capítulo, você aprenderá a ler informações do Photon. Nesta seção, eu me concentrarei no envio de instruções ao Photon através da Internet. Por exemplo, no próximo projeto, você aprenderá a enviar um comando "post" em HTTP a um URL* para acender um LED no Photon.

O meio de dizer ao Photon para fazer alguma coisa está no conceito de *Função* de nuvem Particle. Para fazer a distinção entre uma Função (com inicial maiúscula) da nuvem Particle e uma função (com inicial minúscula) da linguagem C, eu usarei uma letra maiúscula *F* inicial quando me referir à uma Função da nuvem Particle.

Uma *Função* faz uma associação entre um comando que você envia pela Internet ao Photon e uma função da linguagem C que faz parte do programa que está sendo executado no Photon. Sempre que o Photon receber o comando pela Internet, ele executará a função em C associada. Ao contrário de uma função C comum, um dos parâmetros de uma Função de nuvem sempre é do tipo `String`, o qual será repassado diretamente à respectiva função em C no programa para ser usado adequadamente.

AÇÕES E FUNÇÕES

Observe que, em versões antigas do software, as Funções eram denominadas *ações*. Essa alteração foi feita para manter-se de acordo com as convenções usadas no IFTTT (veja Capítulo 6).

No Photon, não há limite prático para o número de Funções que podem ser definidas.

No Projeto 6, você construirá um dispositivo bem simples que ligará e desligará o LED do pino D7 do Photon a partir de uma linha de comando. Antes, no entanto, se estiver usando Windows, você deverá configurar seu ambiente de projeto.

Para enviar comandos de ação a um Photon é necessário enviar solicitações do tipo "post" ao serviço de nuvem da Particle. Uma maneira prática de fazer isso é usando a ferramenta de

---

*N. de T.: *Uniform Resource Locator* (*URL*) ou Localizador Uniforme de Recursos, também conhecido simplesmente como endereço de web.

linha de comando denominada *curl*. Se você é um usuário de Mac ou Linux, a boa notícia é que *curl* já está instalado e pronto para uso. Se você está usando Windows, você deve instalar *curl* como se descreve a seguir.

Abra seu navegador de Internet em *http://curl.haxx.se/download.html* e localize a seção adequada de Windows (Win32 e Win64) com os arquivos de download. A não ser que você tenha um computador realmente muito antigo, você provavelmente precisará baixar o arquivo *Win64 – Generic*.*

Faça download do arquivo ZIP e extraia o arquivo contido nele (*curl.exe*) salvando-o em algum diretório conveniente, como o Desktop. Agora, inicie a execução de comandos clicando no botão "INICIAR" do Windows, seguido da opção de "EXECUTAR", e entre com `cmd`.

Será aberta uma janela como a mostrada na Figura 5-1. Troque de diretório indo para aquele em que você salvou o arquivo *curl.exe* (neste caso, Desktop). A seguir, digite o comando `curl` para testar se está pronto para uso.

O comando `curl` é usado para enviar solicitações HTTP dispensando o uso de um navegador. No próximo projeto, você usará essa ferramenta para enviar comandos através da Internet para seu Photon.

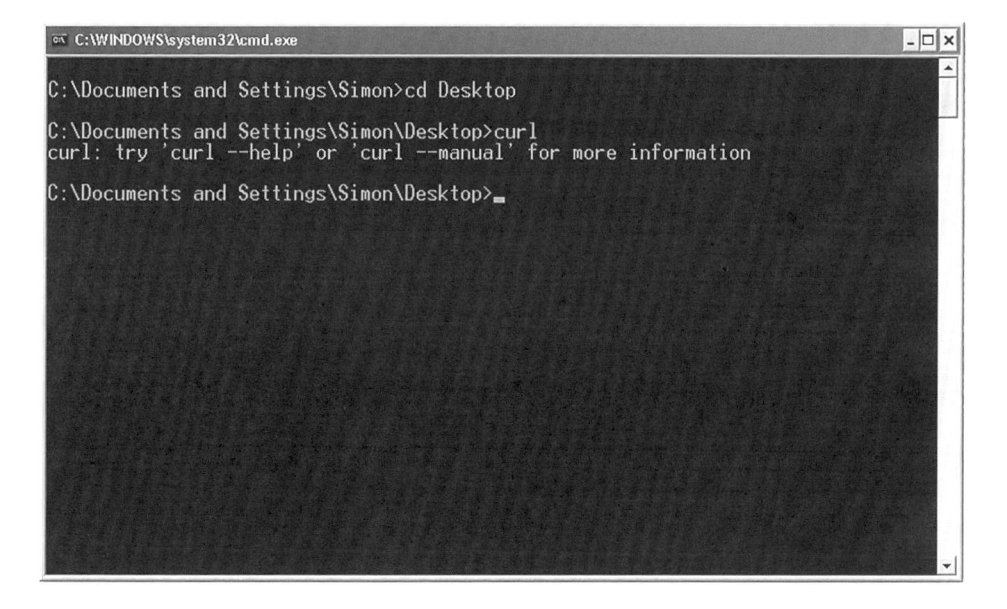

```
C:\WINDOWS\system32\cmd.exe

C:\Documents and Settings\Simon>cd Desktop

C:\Documents and Settings\Simon\Desktop>curl
curl: try 'curl --help' or 'curl --manual' for more information

C:\Documents and Settings\Simon\Desktop>_
```

Figura 5-1 >> Executando *curl* no Windows.

---

*N. de T.: Esse *site* sofre atualizações e poderá conter opções diferentes de quando o livro foi escrito.

Projeto 6. Controlando um LED pela Internet

Neste projeto, você ligará e desligará o LED conectado ao pino D7 do Photon em resposta a comandos enviados através da Internet. Embora neste projeto trate-se apenas de um LED, o princípio básico é bastante poderoso. Com hardware adequado, você poderá ligar e desligar qualquer coisa.

O programa usado neste aplicativo é denominado *p_06_LED_function*. A maneira mais fácil de instalá-lo em seu Photon é clicando no botão LIBRARIES (Bibliotecas) no Web IDE e, em seguida, localizar a biblioteca denominada *PHOTON_BOOK*. Você encontrará todos os programas usados nos projetos deste livro.

Selecione o arquivo *p_06_LED_action* e, em seguida, clique no botão USE THIS EXAMPLE (use este exemplo). Uma cópia do programa será aberta no editor e você poderá transferi-lo (FLASH) para seu Photon. Observe que essa será sua cópia do programa original, podendo ser modificada se você desejar.

Software

O código para *p_06_LED_action* é o seguinte:

```
int ledPin = D7;

void setup() {
    pinMode(ledPin, OUTPUT);
    Spark.function("led", ledSwitcher);
}

void loop() {
}

int ledSwitcher(String command) {
    if (command.equalsIgnoreCase("on")) {
        digitalWrite(ledPin, HIGH);
        return 1;
    }
    else if (command.equalsIgnoreCase("off")) {
        digitalWrite(ledPin, LOW);
        return 1;
    }
    return -1;
}
```

Inicialmente, o código define uma variável de nome `ledPin` (Pino do LED) para o pino D7. Esse é o pino no Photon que tem um pequeno LED azul próximo dele. A seguir, a função `setup` define esse pino como uma saída (`OUTPUT`).

A segunda linha de `setup` é interessante:

```
Spark.function("led", ledSwitcher);
```

Essa é a linha que define uma Função de nuvem, dando-lhe o nome `led`. O segundo parâmetro, `ledSwitcher` (Chaveador de LED), é o nome da função em C do programa que será executada quando a Função de nuvem `led` for chamada através da Internet.

A função `loop` está completamente vazia. Se quisesse, você poderia incluir e fazer alguma coisa aqui (por exemplo, fazer outro LED piscar), mas é perfeitamente correto deixá-la vazia. Esse programa fará alguma coisa somente quando um comando de Função de nuvem for recebido.

Quando a função `ledSwitcher` é chamada como resultado da chegada de uma mensagem pela Internet, ela recebe diretamente uma `String` como parâmetro. Essa `String` poderá conter dois valores: `on` ou `off`. Na solicitação HTTP que enviaremos para a nuvem, iremos nos assegurar de enviar `on` para ligar o LED ou `off` para desligá-lo. Portanto, a função em C `ledSwitcher` precisa verificar o conteúdo dessa `String` e executar o comando `digitalWrite` adequado para ativar ou desativar o pino do LED. Se o comando for `on` ou `off`, a função dará um retorno com valor 1, indicando que o comando foi bem sucedido. Em qualquer outro caso, a função dará como retorno o valor -1.

Esse valor de retorno fará parte da resposta que será dada à solicitação HTTP, fornecendo informação valiosa a respeito de se a Função de nuvem foi executada com sucesso ou não.

>> Segurança

É claro que seria potencialmente perigoso permitir que qualquer usuário Particle tivesse acesso aos Photons de todos os demais usuários. Por essa razão, há dois recursos que ajudam seu Photon a estar em segurança. Eles são denominados "Device ID" e "Access Token", como veremos a seguir.

O primeiro recurso, Device ID, é um identificador de dispositivo para o Photon. Cada um de seus dispositivos terá um ID de dispositivo diferente. Para encontrar o ID de seu dispositivo, clique no botão DEVICES (Dispositivos) no Web IDE e clique no dispositivo cujo ID você está procurando. O ID de dispositivo (Device ID) daquele Photon será mostrado em seguida. Observe que meus dispositivos são denominados A, B, C e D, como mostrado na Figura 5-2.

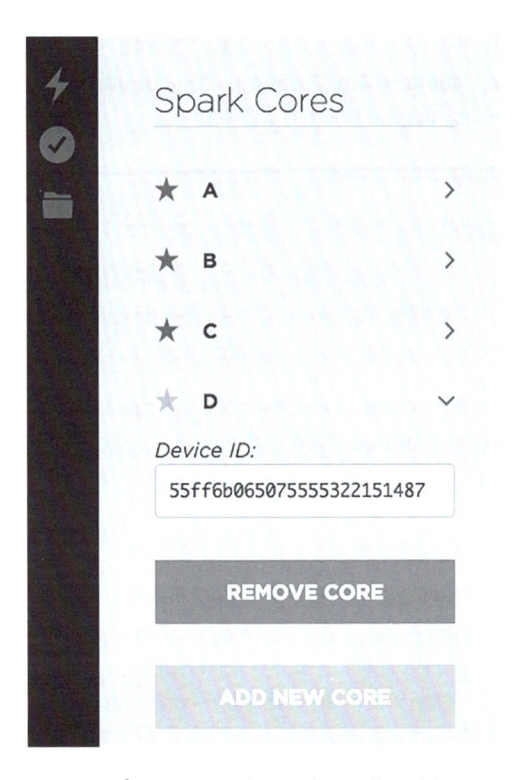

Figura 5-2 ❯❯ Encontrando o ID de seu dispositivo (Device ID).*

Para chamar uma Função de nuvem nesse Photon, você precisa conhecer seu ID. Um bom lugar para manter temporariamente esse ID é na forma de um comentário após a última linha de seu programa. Por exemplo:

```
// Device ID=55ff74062678501139071667
```

O segundo recurso de segurança, Access Token, não é específico de seu Photon, mas de sua conta Particle. Como mostrado na Figura 5-3, você encontrará essa informação de acesso (Access Token) se clicar no botão SETTINGS (Configurações) embaixo à esquerda no Web IDE.

A qualquer momento, você poderá gerar um novo Access Token clicando no botão RESET TOKEN.

Essa informação também é necessária para enviar solicitações de web. Portanto, acrescente outra linha de comentário para o Access Token no seu programa, como a seguir:

```
// Device ID=55ff74062678501139071667
// Access Token=cb8b348000e9d0ea9e354990bbd39ccbfb57b30e
```

---

*N. de T.: Onde se lê SPARK CORES, leia-se PARTICLE DEVICES (Dispositivos Particle).

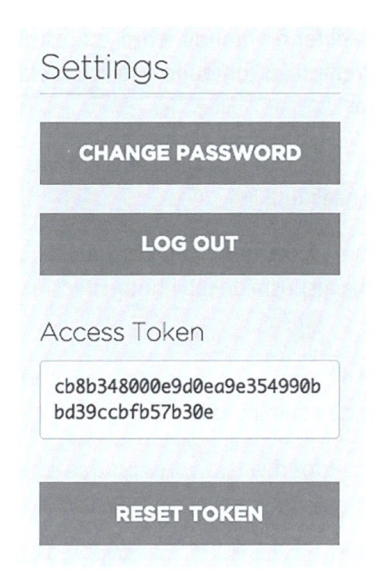

Figura 5-3 >> Encontrando seu Access Token.

>> Experimentando

Agora que o Photon está executando seu programa, ele está aguardando a chegada de uma chamada da Função de nuvem `led`. Vamos fazer isso enviando uma solicitação HTTP ao serviço de nuvem Particle. Para isso, você precisará do Device Id e do Access Token que acabamos de ver.

Se você fez o download do programa *p_06_LED_Function* da biblioteca de exemplos *PHOTON_BOOK*, você verá as seguintes linhas de comentário no final do programa:

```
// To test with curl              (Para testar usando curl)
// curl https://api.spark.io/v1/devices/<deviceid>/led
   -d access_token=<accesstoken> -d params=on
```

Essas linhas mostram como usar o comando de linha `curl` para enviar uma solicitação HTTP para controlar o LED. Primeiro, nas linhas de comentário acima, você precisa incluir seus próprios Device ID e Access Token fazendo as devidas substituições em `<deviceid>` e `<accesstoken>` no comando `curl`. Após fazer essas atualizações, você terá algo como o seguinte:

```
// curl https://api.spark.io/v1/devices/
55ff74062678501139071667/led
  -d access_token=cb8b348000e9d0ea9e354990bbd39ccbfb57b30e
  -d params=on
```

Observe que `params=on` indica que o LED deverá ser aceso (`on`). Essa informação será remetida à nuvem Particle e depois entregue como parâmetro ao programa que está sendo executado no Photon. Para facilitar o entendimento, eu distribuí o conteúdo do comando `curl` em diversas linhas. Entretanto, o conteúdo que você colará na linha de comando deve estar todo em uma única linha.

Copie e cole o comando `curl` sem incluir os caracteres iniciais de comentário // na sua linha de comando, como mostrado na Figura 5-4.

Se tudo tiver transcorrido bem, o pequeno LED azul de seu Photon acenderá quase que imediatamente e você verá uma resposta de seu Photon informando que o `return_value` (Valor de retorno) é 1.

Para desligar o LED, use o mesmo comando, mas primeiro mude `on` para `off` e em seguida dê ENTER para enviar o comando assim modificado.

Você poderá repetir esses comandos diversas vezes porque é bem "legal" fazer isso.

» Interagindo com o Comando loop

Agora que o Projeto 6 está funcionando em seu modo mais básico, vamos fazer uma pequena mudança no programa de modo que, em vez de apenas ligar ou desligar o LED, a Função `if` fará o LED piscar ou parar de piscar. Você encontrará o código do aplicativo nos exemplos do livro com o nome *p_06_LED_FUNCTION_BLINK*:

```
int ledPin = D7;
boolean blinking = false;
```

```
Simons-Mac-Pro:~ Si$ curl https://api.spark.io/v1/devices/
55ff74066678505539081667/led -d access_token=cb8b348000e9d
0ea9e354990bbd39ccbfb57b30e -d params=on
{
  "id": "55ff74066678505539081667",
  "name": "A",
  "last_app": null,
  "connected": true,
  "return_value": 1
Simons-Mac-Pro:~ Si$
```

Figura 5-4 » Controlando um LED com *curl*.

```
void setup() {
    pinMode(ledPin, OUTPUT);
    Spark.function("led", ledSwitcher);
}

void loop() {
    if (blinking) {
        digitalWrite(ledPin, HIGH);
        delay(200);
        digitalWrite(ledPin, LOW);
        delay(200);
    }
}

int ledSwitcher(String command) {
    if (command.equalsIgnoreCase("on")) {
        blinking = true;
        return 1;
    }
    else if (command.equalsIgnoreCase("off")) {
        blinking = false;
        return 1;
    }
    return -1;
}
```

Este programa* tem um pequeno código na função `loop`. O código usa uma variável de sinalização denominada `blinking` (Piscando). Se a variável `blinking` for colocada na condição `true` (verdadeiro), então o LED piscará uma vez a cada repetição de `loop`. Essa situação permanecerá assim enquanto `blinking` for `true`.

O comando `if` em `ledSwitcher` não está ligando ou desligando diretamente o LED. Ele se limita a atualizar o valor da variável de sinalização `blinking`. O ligar e desligar do LED ocorre dentro da função `loop` baseando-se no valor de `blinking`.

Transfira (FLASH) seu programa para o Photon e envie novamente os mesmos comandos `curl` que você usou no programa anterior. Agora, os comandos irão iniciar ou interromper o pisca-pisca do LED, em vez de simplesmente ligá-lo ou desligá-lo.

---

*N. de T.: Nesse programa, encontramos o comando denominado "`Spark.function`", que é uma função especial de nuvem que configura a interação do Photon com a nuvem, como já foi visto antes. Além disso, na definição da função `ledSwitcher`, a expressão "`command.equalsIgnoreCase("on")`" é usada para testar se o parâmetro `String command` recebido diretamente da nuvem é igual a "`on`". Isso é feito ignorando se suas letras são maiúsculas ou minúsculas. O mesmo é válido para a outra expressão "`command.equalsIgnoreCase("off")`" em relação a "`off`".

Executando Funções a partir de uma Página da Web

Embora o comando `curl` seja bom para testar Funções de nuvem, o usuário terá um certo trabalho para usá-lo. O melhor seria uma página de web com botões, de modo que o controle do LED seria feito apertando botões de ligar (ON) e desligar (OFF), como vemos na Figura 5-5.

A Particle coloca à disposição uma grande biblioteca JavaScript que abrange tudo, desde fazer login ou declarar a quem pertence um Photon até chamar Funções de nuvem. Você pode aprender mais consultando a documentação da Particle (*https://docs.particle.io/reference/javascript/*). Entretanto, por enquanto, para manter simples a construção de páginas de web, vamos nos limitar a aplicar a mais familiar das biblioteca JavaScript: a biblioteca jQuery. Isso será feito para enviar comandos HTTP do tipo `post` do mesmo modo que usamos o comando `curl`, mas com uma interface de usuário do tipo usado em um navegador, muito mais amigável.

Comece transferindo novamente o programa *p_06_LED_function* para seu Photon. Esse é o programa que responde à Função `led`, ligando ou desligando o pequeno LED azul conectado ao pino D7 conforme o valor de seu parâmetro.

Ainda que mais tarde você venha a hospedar sua página de controle do LED em algum servidor, por enquanto você poderá testar o programa com um navegador e um arquivo HTML armazenado em seu computador. O arquivo *ch_05_led_control.html* com a página HTML para isso poderá ser encontrado na seção *html* de downloads deste livro que está armazenada no repositório GitHub (*https://github.com/simonmonk/photon_book*).

Faça o download desse arquivo no repositório GitHub para seu próprio computador. Se você está familiarizado com o GitHub, você poderá simplesmente clonar (clone) o repositório inteiro de uma só vez no seu computador. Assim, você terá em seu computador todos os códigos usados como exemplos neste livro. Se você não tiver o repositório Git instalado em seu computador e não desejar tê-lo, você poderá simplesmente fazer o download do arquivo ZIP que contém todos os códigos dos exemplos. Para isso, você deverá ir à página do repositório GitHub usando o endereço dado no parágrafo anterior. Clique primeiro no

Figura 5-5 ❯❯ Controlando um LED a partir de uma página de web.

botão com a legenda "CLONE OR DOWNLOAD" no lado direito e, a seguir, clique no botão "DOWNLOAD ZIP".

Não importa a forma como você acessa os arquivos do repositório GitHub, localize o arquivo *ch_05_led_control.html* e abra-o em um editor de texto. Nas linhas iniciais, você também deverá trocar os valores de `accessToken` e `deviceID` pelos seus próprios.

Salve as alterações feitas no arquivo e, em seguida, abra-o em seu navegador dando um duplo clique nele. Deverá ser semelhante ao que está na Figura 5-5.

Quando você clicar no botão ON, o pequeno LED azul deverá acender. Clicando em OFF, o LED será desligado.

Lembre-se de que o código que está sendo executado no Photon não foi alterado. Tudo que fizemos foi, em vez do comando `curl`, usar uma página HTML para enviar comandos "`post`" quando pressionamos um botão.

O arquivo HTML da página está listado a seguir:

```html
<html><head>
<script src="http://ajax.googleapis.com/ajax/libs/jquery/1.3.2/
jquery.min.js" type="text/javascript" charset="utf-8">
</script>
<script>
var accessToken = "cb8b348000e9d0ea9e354990bbd39ccbfb57b30e";
var deviceID = "55ff74066678505539081667";
var url = "https://api.spark.io/v1/devices/" + deviceID
        + "/led";

function switchOn(){
    $.post(url, {params: "on", access_token: accessToken });
}
function switchOff(){
    $.post(url, {params: "off", access_token: accessToken });
}
</script></head>

<body>
<h1>On/Off Control</h1>
<input type="button" onClick="switchOn()" value="ON"/>
<input type="button" onClick="switchOff()" value="OFF"/>
</body></html>
```

Se você nunca teve contato com HTML, conheça seus fundamentos consultando, por exemplo, a página *www.w3schools.com/html/html_intro.asp*.

Esse arquivo HTML contém uma mistura de HTML e textos que aparecerão na página quando ela for exibida, como título e nomes de botão, além de alguns comandos escritos na linguagem de programação JavaScript.

Frequentemente os programas em JavaScript são colocados em uma página de web para lhes dar alguma inteligência ou realizar efeitos especiais na interface de usuário. No nosso caso, usaremos JavaScript para enviar solicitações de web ao serviço de nuvem da Particle que, por sua vez, as enviará para o seu Photon.

Se você já programou em JavaScript, é provável que você já tenha se deparado com a biblioteca JavaScript denominada jQuery. Essa biblioteca contém grande quantidade de recursos para a manipulação de páginas de web. Entre eles, está um que permite enviar comandos "`post`" de HTTP, que é exatamente o que você precisa para falar com seu Photon.

Examinando o arquivo HTML anterior, vemos na parte inicial que a biblioteca é importada de um de seus repositórios na Internet e, em seguida, há uma segunda seção em JavaScript em que as variáveis `accessToken` e `deviceId` são definidas. Você já deve ter atualizado essas variáveis com os valores relativos à sua própria conta Particle e seu Photon. A terceira variável, `url`, é construída encaixando o valor de `deviceId` no meio da definição do URL.

A seguir, há duas funções JavaScript muito semelhantes, `switchOn()` e `switchOff()`, que ligam e desligam o LED. Como você pode ver, a linguagem JavaScript usa os mesmos sinais de chave, { e }, para delimitar os blocos de código, e suas funções são como as em C, mas com uma sintaxe diferente.

Se você olhar a função `switchOn` (Ligar), você poderá ver que ela contém o seguinte:

```
$.post(url, {params: "on", access_token: accessToken });
```

O símbolo $ é a forma de você acessar as funções da biblioteca jQuery, uma das quais é `post`. Essa função usa dois parâmetros: `url` e o que se assemelha a um bloco de código. Trata-se do que se denomina "objeto de JavaScript" e é uma forma de agrupar dois valores associados a nomes. O primeiro valor é on e está associado ao nome `params`. O segundo associa o valor da variável `accessToken` ao nome `access_token`.

Os nomes `params` e `access_token` serão usados como dados no comando `post` de HTTP. São equivalentes às opções `-d` usadas com o comando `curl`.

A seção `body` (corpo) do arquivo HTML é responsável pela exibição do título e dos botões na página de web. Cada um dos botões está associado a um evento do tipo `onClick` (Ao ser clicado). Quando você clicar em um dos botões, a função `switchOn` (Ligar) ou a função `switchOff` (Desligar) será executada dependendo de qual botão foi clicado.

> ### SEGURANÇA
>
> Agora que você criou uma página de web hospedada em seu disco rígido para controlar seu dispositivo, a tentação é colocar o arquivo HTML em um servidor de web para que possa ser acessado de qualquer lugar.
>
> Você pode fazer isso, mas comprometendo a sua segurança. Qualquer um que usasse o recurso que permite ver o arquivo fonte da página, disponível na maioria dos navegadores, teria acesso imediato ao "Device Id" e ao "Access Token". Eles estão lá fazendo parte do arquivo HTML da página, disponíveis para qualquer um ver.
>
> Se isso for importante, você deverá hospedar a página de forma que use algum recurso de login ou em algum servidor de web que funcione apenas dentro da sua rede.

Projeto 7. Controlando Relés a partir de uma Página da Web

Neste projeto, você aproveitará o que aprendeu sobre Funções de nuvem para controlar um relé usando páginas de web. O software do projeto é muito parecido com o do exemplo com LED que acabamos de ver. Alguns nomes no programa foram mudados para torná-los específicos para relés em vez de LEDs. Além disso, o código foi ampliado de modo que todos os quatro relés do módulo poderão ser controlados.

A maior diferença do projeto está no uso de um Photon conectado a um módulo de relés. Isso nos permitirá ligar e desligar qualquer coisa.

A Figura 5-6 mostra um Core, antecessor do Photon, montado em um módulo de relés que está sendo usado para ligar e desligar qualquer um dos quatros relés. Observe que um dos relés está conectado a uma campainha elétrica antiga de 12V. A Figura 5-7 mostra uma interface de web simples para controlar os relés.

A CORRENTE ALTERNADA PODE MATAR

Embora os relés do módulo estejam dimensionados para operar com corrente alternada de 120V e 10A, você não deverá usar o módulo para controlar dispositivos de corrente alternada a menos que você esteja habilitado para isso.

Se o módulo for conectado a uma fonte de corrente alternada, alguns dos terminais de parafuso estarão *vivos* (isto é, com tensão elevada). Desse modo, qualquer dispositivo que for construído para controlar uma corrente alternada usando esse módulo de relés deverá estar alojado em uma caixa e devidamente aterrado para assegurar que não haja chance de algum ponto *vivo* do módulo ser tocado por dedos desprotegidos.

Atenção: só nos Estados Unidos, a cada ano, centenas de pessoas morrem acidentalmente por eletrocussão com 120V, sem incluir as inúmeras pessoas que sofrem queimaduras graves.

Mesmo assim, você ainda pode se divertir bastante com o módulo de relés, mas eu recomendo seriamente que você se limite a usá-lo para controlar dispositivos de corrente contínua e baixa tensão.

Figura 5-6 >> Relé com Photon e campainha elétrica – bom e barulhento!

Figura 5-7 >> Uma página de web para controlar relés.

>> Componentes

Para construir esse projeto, você precisará das partes listadas na Tabela 5-1, além de seu Photon.

Atualmente, a maioria das campainhas é eletrônica, ao passo que as antigas funcionavam com solenoide. Neste projeto, usaremos uma campainha com solenoide. É possível que você ainda encontre uma dessas em lojas de material elétrico. Localize a sua especificação de corrente e assegure-se de que a fonte de tensão que você dispõe será capaz de suprir a corrente e a tensão da campainha mais os 0,2 amperes necessários para o Photon e o módulo de relés. A maioria das campainhas será adequada. A campainha bem barulhenta que eu usei consumia menos de 1A.

Muitas sirenes e luzes do tipo pisca-pisca usadas em sistemas de alarme contra intrusos também funcionam com 12V. Essa pode ser uma alternativa interessante para a campainha elétrica de 12V, caso você não encontre uma.

Tabela 5-1 >> **Lista de componentes para o Projeto 7**

Componente	Descrição	Código no Apêndice A
Módulo de relés	Módulo da Particle para controle de 4 relés	M1
Fonte de alimentação de 12V	Fonte de alimentação de 12V e 1A	Q1
J1	Adaptador P4 fêmea-borne	H1
J2	Adaptador P4 macho-borne	H2
Campainha	Campainha elétrica CC de 12V	Q2
Fio	Fios curtos de diversas cores	H3

RELÉS

Um relé (Figura 5-8) é uma chave eletromecânica. Sua tecnologia é muito antiga, mas confiável e de fácil utilização.

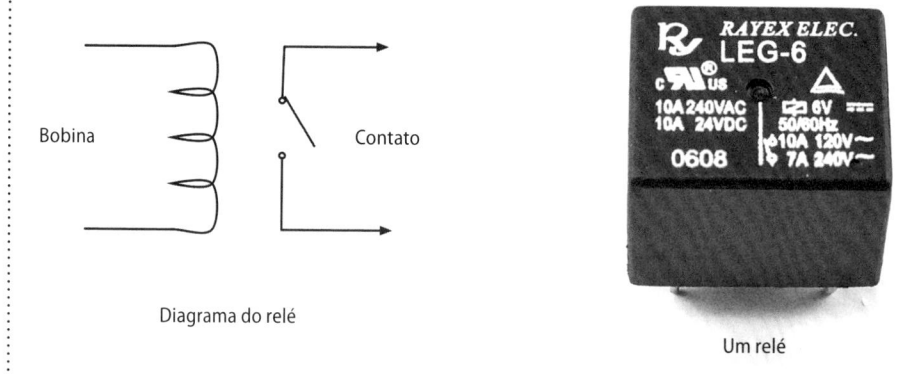

Diagrama do relé

Um relé

Figura 5-8 >> Relés.

Basicamente, um relé é um eletroímã que fecha os contatos de uma chave. A bobina do eletroímã e os contatos estão eletricamente isolados entre si. Esse isolamento torna o relé um dispositivo excelente para controlar dispositivos de potência a partir da saída digital de um Photon. Para isso, o módulo de relés também tem pequenos transistores para acionar as bobinas dos relés. Você aprenderá mais sobre transistores no Capítulo 8.

A bobina de um relé costuma ser energizada com uma tensão baixa entre 5 e 12 volts, mas seus contatos de chaveamento podem controlar cargas de alta potência e alta tensão. Por exemplo, o relé da Figura 5-8 suporta em seus contatos uma corrente máxima de 10A com 120V de corrente alternada (CA) e 10A com 24V de corrente contínua (CC).

Frequentemente, os relés têm três terminais de chaveamento: COM (Comum), N.A. (Normalmente Aberto) e N.F. (Normalmente Fechado). Quando a bobina do relé está energizada, os terminais COM e N.A. estão conectados entre si e, quando a bobina não está energizada, os terminais COM e N.F. estão conectados. Em geral, você usará os terminais COM e N.A. para acionar um dispositivo qualquer que você esteja controlando, de modo que, quando o Photon estiver desligado, o dispositivo também estará desligado.*

---

*N. de T.: Se você usar relés importados, os rótulos dos terminais N.F. e N.A. provavelmente serão N.C. (normalmente fechado – closed) e N.O. (normalmente aberto – opened.).

Você poderá usar fios finos de conexão (jumpers) macho–macho em algumas das ligações da campainha e do módulo de relés. Entretanto, esses fios tendem a ter pouca capacidade de corrente. Desse modo, é melhor usar fios com maior capacidade, como os usados em fiação elétrica doméstica. Se você se dedicar a construir circuitos eletrônicos, você irá se deparar com situações como essa. Esses fios estão disponíveis em diversas cores.

» Projeto

A Figura 5-9 mostra como você pode conectar uma campainha elétrica de 12V. Em vez da campainha, você poderia usar alguma luminária de 12V CC ou qualquer outro equipamento de 12V. Assegure-se de que, se o equipamento tiver terminais positivo e negativo, o terminal positivo esteja ligado à fonte de alimentação e o negativo ao relé. Neste caso da campainha elétrica, não há terminais positivo e negativo.

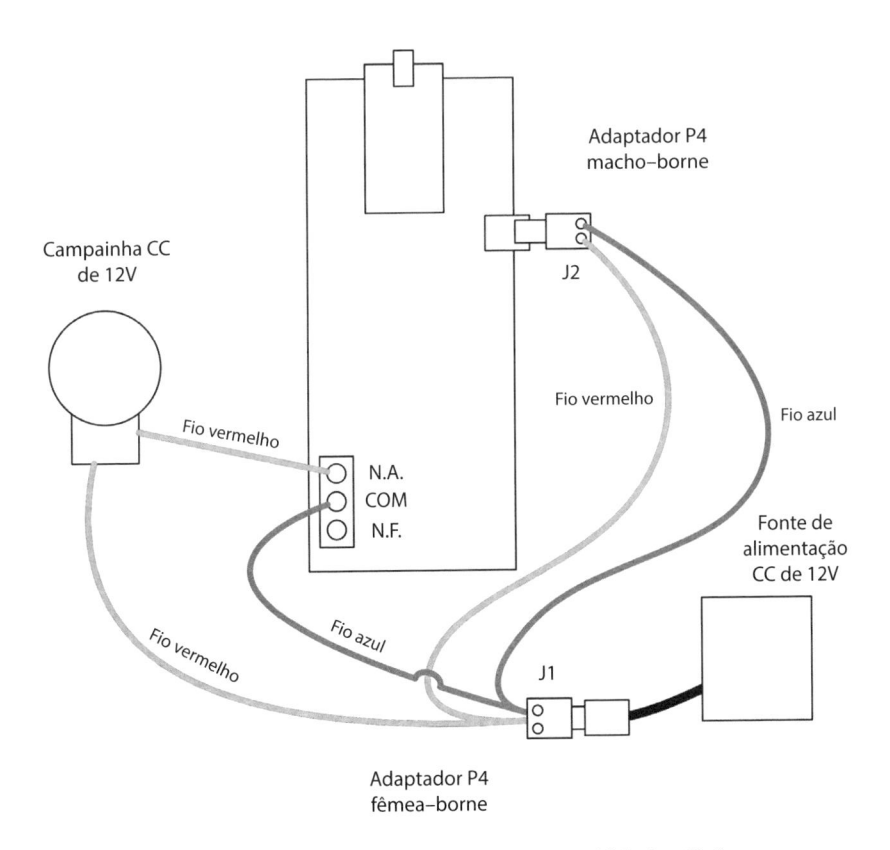

Figura 5-9 » Fazendo a fiação entre uma campainha elétrica e um módulo de relés.*

---

*N. de T.: Dos quatro relés, a figura mostra apenas os bornes de conexão do relé 1.

Como você pode ver na figura, a fonte de alimentação de 12V fornece energia para o módulo de relés e também para os contatos do relé que acionará a campainha.

Quando o relé está acionado, os contatos COM e N.A serão fechados. Quando isso ocorrer, o circuito entre a campainha e a fonte de alimentação de 12V será completado, fazendo a campainha soar.

Construção

Este é um projeto de fácil construção: não há necessidade de soldas e tudo é ligado usando bornes de conexão. Use a Figura 5-9 como referência ao fazer a fiação entre os componentes.

Passo 1. Teste e Conecte a Campainha

Se a campainha não tiver fios soltos de conexão, você deverá acrescentá-los. Isso dependerá do tipo de campainha que você usará, mas é possível que ela já tenha bornes de conexão com parafusos. Depois de conectar os fios, não será uma má ideia ligar diretamente os dois fios à fonte de alimentação para testar as conexões e verificar se a campainha e a fonte são compatíveis.

Passo 2. Complete a Fiação

O restante da fiação está centrado no adaptador J1. O ponto aqui é que cada um dos bornes deve receber dois fios. O borne positivo (fio vermelho) de J1 deve ter um fio indo para o borne positivo de J2 e outro indo para a campainha. O borne negativo de J1 deve ter um fio indo para o borne negativo de J2 e outro indo para o borne COM do relé 1. Finalmente conecte um fio entre o borne N.A. e a campainha.

Assegure-se cuidadosamente de que as conexões positivas (+) de J1 e J2 estejam ligadas entre si.

Passo 3. Conecte a Fonte de Alimentação

Insira o plugue CC da fonte de alimentação em J1 e ligue a fonte. Se você tiver um smartphone, você poderá usar o aplicativo Tinker (visto no Capítulo 2) para ativar e desativar o pino D0, mas você deverá fazer uma reinicialização de fábrica em seu Photon para que o aplicativo Tinker seja reinstalado. Isso deverá ativar e desativar a campainha. No módulo de relés, o pino D0 está conectado internamente ao relé 1.

Agora está tudo pronto para você instalar o software!

Software

O software deste projeto contém duas partes: o programa que será executado no Photon e a página de web em HTML com comandos JavaScript, que permitirão a comunicação com o Photon.

Software do Photon

O código para o Photon é bem compacto (*p_07_LED_Relays*). A listagem completa é dada a seguir. Este código está junto com os demais usados neste livro. Veja a introdução do Projeto 6 para ver como fazer o download desse código.

```
int relayPins[] = {D0, D1, D2, D3};
void setup() {
    for (int i = 0; i < 4; i++) {
        pinMode(relayPins[i], OUTPUT);
    }
    Spark.function("relay", relaySwitcher);
}

void loop() {
}

int relaySwitcher(String command) {
    if (command.length() != 2) return -1;
    int relayNumber = command.charAt(0) - '0';
    int state = command.charAt(1) - '0';
    digitalWrite(relayPins[relayNumber-1], state);
    return 1;
}
```

A primeira coisa interessante nesse programa é que ele usa um array para acessar os quatro pinos digitais que acionam os relés. Esses pinos são D0, D1, D2 e D3, onde D0 aciona o relé 1, D1 aciona o relé 2 e assim por diante.

A função `setup` usa um `loop` para inicializar todos os quatro pinos como saídas e em seguida define uma Função de nuvem denominada `relay` que chama a função em C `relaySwitcher`.

A função `relaySwitcher` (Chaveador de relés) é capaz de acionar qualquer um dos quatro relés, e não apenas o relé 1 que usaremos para comandar a campainha elétrica. Para isso, o parâmetro `command` (Comando) é usado. A função `relaySwitcher` espera que o parâmetro `command` (do tipo `String`) tenha exatamente dois caracteres. Assim, a primeira coisa que ela faz é verificar se isso é verdadeiro. Se `command` não tiver dois caracteres, o valor -1 é retornado para indicar que houve um erro.

Supondo que o parâmetro `command` tenha dois caracteres, o primeiro caractere será o número do relé a ser controlado (1 a 4) e o segundo caractere será 1 para ativar o relé e 0 para desativá-lo. Para extrair o primeiro caractere dessa `String`, usamos o método `charAt(0)` aplicado a `command`, ou seja, `command.charAt(0)`.

A variável que indica o número do relé é do tipo `char`. Para converter esse valor em um valor numérico do tipo `int`, realizamos a seguinte operação:

```
int relayNumber = command.charAt(0) - '0';
```

Vemos que o valor do caractere `'0'` é subtraído do valor do primeiro caractere do parâmetro `command` obtido por `command.charAt(0)`.

Para definir em qual pino será aplicado o valor 0 ou 1, o comando `digitalWrite` usa o array e o número do relé a partir do valor dado pelo segundo caractere do parâmetro `command`.

Software da Página de Web

Em relação ao software da página de web que permite controlar os relés, começaremos com uma versão modificada do HTML e do JavaScript que usamos na seção "Executando Funções a partir de uma Página da Web", na página 86. O problema com aquela solução é que se houvesse algo de errado – talvez o Photon não estivesse ligado à rede – não haveria meio de saber através da página de web se a execução do comando foi bem sucedida e se o relé foi realmente acionado.

Para lidar com esse problema, há uma segunda versão, mais complexa, da página de web que utilizará a resposta enviada pelo dispositivo para informar se a execução da Função de nuvem foi bem ou mal sucedida.

Ambas as versões estão disponíveis na seção *html* do repositório GitHub em *https://github.com/simonmonk/photon_book*.

A primeira versão (listada a seguir) é *ch_06_relays.html* e a versão melhorada é *ch_06_relays_fb.html*.

```html
<html><head>
<script src="http://ajax.googleapis.com/ajax/libs/jquery/1.3.2/
jquery.min.js" type="text/javascript" charset="utf-8">
</script>
<script>
var accessToken = "cb8b348000e9d0ea9e354990bbd39ccbfb57b30e";
var deviceID = "54ff720667252486035ll67";

var url = "https://api.spark.io/v1/devices/" + deviceID
          + "/relay";
```

```html
        function setRelay(message){
            $.post(url, {params: message, access_token:
            accessToken });
        }
        </script>
        </head>
        <body>
        <h1>Relay Control</h1>
        <table>
        <tr>
        <td><input type="button" onClick="setRelay('11')"
                    value="Relay 1 ON"/></td>
        <td><input type="button" onClick="setRelay('10')"
                    value="Relay 1 OFF"/></td>
        </tr>
        <tr>
        <td><input type="button" onClick="setRelay('21')"
                    value="Relay 2 ON"/></td>
        <td><input type="button" onClick="setRelay('20')"
                    value="Relay 2 OFF"/></td>
        </tr>
        <tr>
        <td><input type="button" onClick="setRelay('31')"
                    value="Relay 3 ON"/></td>
        <td><input type="button" onClick="setRelay('30')"
                    value="Relay 3 OFF"/></td>
        </tr>
        <tr>
        <td><input type="button" onClick="setRelay('41')"
                    value="Relay 4 ON"/></td>
        <td><input type="button" onClick="setRelay('40')"
                    value="Relay 4 OFF"/></td>
        </tr></table>
        </body></html>
```

A primeira parte da página de web é exatamente a mesma do exemplo dado na seção "Executando Funções a partir de uma Página da Web", na página 86. Os valores das variáveis `accessToken` e `deviceID` devem ser atualizados de acordo com os seus próprios valores de "Access Token" e "Device ID".

As duas funções que eram utilizadas para ligar (ON) ou desligar (OFF) o LED são substituídas aqui por uma única função JavaScript de nome `setRelay`. Como parâmetro, essa função recebe a string `message` que contém um código de dois caracteres para controlar o relé. O primeiro caractere é o número do relé e o segundo é 1 ou 0 para ativar ou desativar o relé.

Os botões da interface de usuário chamam `setRelay` com o valor correspondente ao botão que foi pressionado.

Depois de editar as variáveis `accessToken` e `deviceID` com os seus próprios valores, abra o arquivo no seu navegador clicando duas vezes nele. A janela do navegador deve ser similar ao que mostra a Figura 5-10, na qual aparece o título da página "Relay Control" (Controle de Relés) e os botões para ativar (ON) e desativar (OFF) cada um dos quatro relés.

Quando você clica no botão "Relay 1 ON", o relé 1 deve produzir um estalido característico ao ser ativado, o pequeno LED próximo acenderá e, o mais importante, a campainha soará. Provavelmente você desejará desligá-la imediatamente e, portanto, deverá clicar no botão "Relay 1 OFF".

Experimente os demais botões para verificar se você pode controlar todos os relés.

Uma limitação dessa interface de relés é que, se você desligar a alimentação elétrica do módulo de relés e, com isso, o Photon, a página de web continuará se comportando exatamente como antes, sem qualquer indicação de que não há nada de errado acontecendo do outro lado.

A segunda versão dessa página de web, que é a interface já mostrada na Figura 5-7, tem um botão para cada relé. Quando se clica em um botão, o respectivo relé muda de condição, ou seja, se estiver ativado, será desativado e, se estiver desativado, será ativado, ao mesmo tempo em que a cor do botão muda para indicar a nova condição. Entretanto, essa mudança de cor não ocorrerá até que venha uma confirmação do Photon de que a execução da Função de nuvem foi bem sucedida.

Como o código dessa página de web (*ch_06_relays_fb.html*) é muito longo, tendo em torno de 60 linhas, ele não está listado por inteiro aqui. Você poderá abrir esse arquivo em um editor de texto para acompanhar a explicação que se segue.

```
<style type="text/css">
    .on { background:green; }
    .off { background:red; }
```

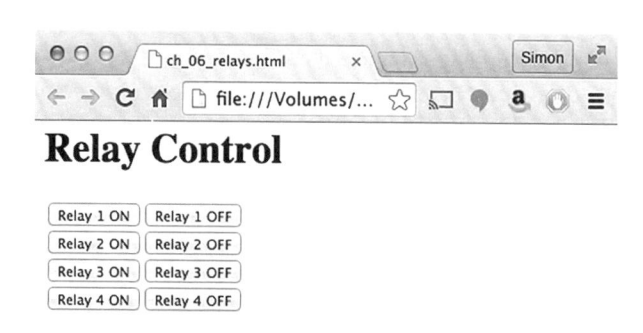

Figura 5-10 >> Uma interface de web básica para relés.

```
        input[type=button] {
          color: white;
          font-size: 2.5em;
       }
   </style>
```

O bloco `style` (estilo) define as cores que serão usadas nos botões nos estados de ativado e desativado, além de especificar o tamanho da fonte das letras nos botões.

Antes de examinar a função JavaScript `toggleState` (Mudar de estado) onde tudo acontece, talvez seja importante analisar como ela é chamada quando um dos botões é clicado:

```
   <input type="button" id="btn" value="Relay 1" class="off"
       onclick="toggleState(this, '1')" />
```

Quando clicamos em um botão, a função `toggleState` é chamada com dois parâmetros. O primeiro é `this` (este), que se refere ao botão que está sendo clicado. A função `toggleState` precisará desse parâmetro para determinar o estado atual do botão. O segundo parâmetro é o número do relé na forma de uma string.

A função `toggleState` está listada a seguir:

```
   function toggleState(item, relayNumber){
       function setRelay(message){
           $.post(url, {params: message, access_token:
               accessToken}, callback);
       }
       function callback(data, status){
           if (data.return_value == 1) {
               if (item.className == "on") {
                   item.className="off";
               }
               else {
                   item.className="on";
               }
           }
           else
           {
               alert("Could not Connect to Photon");
           }
       }
       if(item.className == "on") {
           setRelay(relayNumber + "0");
       } else {
           setRelay(relayNumber + "1");
       }
   }
```

Nesse caso, as funções setRelay (Ativar relé) e callBack (Chamar de volta) são definidas dentro de toggleState de modo que possam acessar as variáveis de toggleState, em particular o parâmetro item. Na realidade, a função setRelay não necessita disso, mas faz sentido mantê-las combinadas porque estão relacionadas entre si.

A função setRelay é muito similar à anterior que foi utilizada na versão simplificada dessa página. No entanto, há uma diferença importante: agora a chamada de $.post inclui o parâmetro adicional callback. Isso é uma referência à outra função dentro de toggleState. A função callback será executada automaticamente quando a solicitação de web que foi enviada ao Photon estiver completada. Em breve, retornaremos à função callback, mas primeiro vamos examinar o bloco principal da função toggleState:

```
if(item.className == "on") {
    setRelay(relayNumber + "0");
} else {
    setRelay(relayNumber + "1");
}
```

A variável item contém uma referência ao botão que foi clicado e seu className será on (ativado) ou off (desativado), dependendo do estado atual do botão. A seguir, a função setRelay é chamada, acrescentando 0 ou 1 ao número do relé de forma apropriada. Observe que até agora a aparência do botão não foi alterada; isso somente acontecerá quando houver confirmação de que a comunicação com o dispositivo foi bem sucedida.

Quando a solicitação enviada ao Photon pela nuvem estiver completada, a função callBack será chamada. Seu primeiro parâmetro, data (dados), será a resposta do Photon que é enviada através do serviço de nuvem da Particle. Essa resposta é a mesma que já vimos quando usamos um comando curl para chamar uma Função de nuvem. A função callBack extrai o return_value (Valor de retorno) dessa resposta e, se for 1 (indicação de sucesso*) a aparência do botão será modificada alterando seu className.

Se callBack não produzir uma resposta com valor 1, será produzido um alerta com uma mensagem de erro dizendo "Could not connect to Photon" (Não foi possível se comunicar com o Photon").

Não esquecendo de atualizar as variáveis accessToken e deviceID no seu arquivo, abra a página em um navegador e experimente ativar e desativar alguns relés.

---

*N. de T.: Se fosse -1, seria uma indicação de falha.

Projeto 8. Mensagens de Texto em Código Morse

Ambos os projetos 5 e 6 transmitiam mensagens em código Morse na forma de pulsos luminosos, mas tinham a limitação de que a mensagem era sempre a mesma. A única forma de mudar a mensagem era alterar, no programa, o valor da variável que especificava o conteúdo da mensagem e, em seguida, fazer o Photon transmiti-la.

Neste projeto, a mensagem a ser enviada em código Morse é um dos parâmetros de uma Função de nuvem. Como o comprimento máximo desse parâmetro é 64 caracteres, você deverá limitar suas mensagens a um tamanho inferior a esse número.

O projeto também tem uma página de web onde você pode entrar com a mensagem que deverá ser enviada (Figura 5-11).

Para ficar mais divertido, o projeto ganhará também um buzzer. Assim, a mensagem em código Morse será transmitida na forma de pulsos luminosos e bipes sonoros.

>> Componentes

Para construir esse projeto, você precisará das partes listadas na Tabela 5-2, além de seu Photon.

Fora o buzzer, esses componentes são os mesmos do Projeto 4.

>> Software

Na maior parte, esse programa é basicamente o programa anterior de transmissão em código Morse. O programa completo para ser gravado (FLASH) no Photon está disponível na biblioteca *PHOTON_BOOK* do Web IDE no arquivo de nome *p_08_Morse_Function*.

Figura 5-11 >> Transmitindo em código Morse a partir de uma página de web.

Tabela 5-2 » **Lista de componentes para o Projeto 8**

Componente	Descrição	Código no Apêndice A
LED1	LED vermelho ou de outra cor	C2
R1	Resistor de 220Ω	C1
R2	Resistor de 1kΩ	C5
S1	Buzzer	C4
	Fios de conexão (jumpers) macho–macho	H4
	Protoboard médio	H5

A primeira diferença entre este programa e o nosso programa anterior de código Morse é o acréscimo de um novo pino para o buzzer:

```
int buzzerPin = D1;
```

Como a transmissão luminosa de uma mensagem em código Morse demora um certo tempo, seria melhor se, quando ativássemos a Função de nuvem que envia a mensagem a ser transmitida em código Morse, tivéssemos logo o retorno do número 1 ou -1, em vez de esperar primeiro que terminasse a transmissão de toda a mensagem na forma de pulsos luminosos. Dessa forma, a página de web a partir da qual a mensagem foi enviada poderia ter logo a confirmação de que a mensagem em código Morse está sendo transmitida no Photon. Para tornar isso possível, é necessário uma nova variável booleana `flashing` (piscando) que poderá assumir o valor `true` (verdadeiro) quando a transmissão luminosa estiver para começar:

```
boolean flashing = false;
```

A função `setup` necessita agora de uma linha extra para definir o pino `buzzerPin` (Pino do buzzer) como saída. A função `setup` também contém uma linha (`Spark.function`) para definir a Função que será chamada sempre que o Photon receber um comando de nuvem para transmitir uma mensagem. Isso, por sua vez, chamará a função em C `startFlashing` (Iniciar transmissão dos pulsos luminosos):

```
void setup() {
    pinMode(ledPin, OUTPUT);
    pinMode(buzzerPin, OUTPUT);
    Spark.function("morse", startFlashing);
}
```

A função `loop` é responsável pela transmissão (`flashMessage`) da mensagem na forma de pulsos luminosos e bipes sonoros, mas somente quando o valor da variável `flashing` é `true` (verdadeiro):

```
void loop() {
    if (flashing) {
        flashMessage(message);
        flashing = false;
    }
}
```

A função `startFlashing` é desencadeada no programa quando o Photon recebe a Função de nuvem `morse` pela Internet. Não é a função `startFlashing` que faz a transmissão dos pulsos luminosos. Ela se limita a atualizar a variável `flashing`. Para isso, ela verifica se o comprimento da mensagem (`param`) é menor ou igual ao tamanho máximo permitido, ou seja, 64 caracteres. Se a mensagem não for comprida demais, o valor `true` é atribuído à variável `flashing`, de modo que a função principal `loop` pode começar a transmitir a mensagem na forma de pulsos luminosos e bipes sonoros. Se tudo estiver correto, o valor 1 é retornado. Em caso contrário, o valor -1 é retornado para indicar um erro:

```
int startFlashing(String param) {
    if (param.length() <= 63) {
        message = param;
        flashing = true;
        return 1;
    }
    else {
        return -1; // mensagem comprida demais
    }
}
```

A última alteração a ser feita no código está na função `flash`, que agora também deve produzir bipes sonoros:

```
void flash(int duration) {
    digitalWrite(ledPin, HIGH);
    tone(buzzerPin, 1000);
    delay(duration);
    noTone(buzzerPin);
    digitalWrite(ledPin, LOW);
}
```

A geração dos bipes sonoros é obtida usando os comandos `tone` e `noTone`. Esses comandos podem ser utilizados apenas nos pinos D0, D1, A0, A1, A4, A5, A6, A7, RX e TX.

A função `tone` (geração de som) tem dois parâmetros: o pino que produzirá um som e a frequência desse som em hertz (ciclos por segundo). Após ativar a geração do som usando `tone`, o pino continuará oscilando até ser interrompido pelo comando `noTone`, com o parâmetro indicando o número do pino.

Transfira o programa (FLASH) para seu Photon de modo que ele esteja instalado antes da montagem do hardware.

Na Figura 5-11, já vimos o aspecto da página de web que controla a transmissão em código Morse. A listagem do respectivo código em HTML pode ser vista a seguir. Esse código está disponível na seção *html* da pasta de downloads do livro. O nome do arquivo é *p_08_morse_function.html*:

```html
<html>
<head>
<script src="http://ajax.googleapis.com/ajax/libs/jquery/1.7.2/
jquery.min.js" type="text/javascript" charset="utf-8">
</script>
<script>
var accessToken = "cb8b348000e9d0ea9e354990bbd39ccbfb57b30e";
var deviceID = "54ff72066672524860351167";
var url = "https://api.spark.io/v1/devices/" + deviceID
        + "/morse";

function callback(data, status){
    if (data.return_value == 1) {
           alert ("Your Message is being sent");

    }
    else
    {
           alert ("Could not Connect to Photon");
    }
}

function sendMorse(){
    message = $("#message").val();
    $.post(url, {params: message, access_token: accessToken},
              callback);
}
</script>
</head>

<body>
<h1>Morse Code Sender</h1>
<input id="message" value="Hello World" size="64"/>
<input type="button" value="Send" onclick="sendMorse()" />
<br/>
</body>
</html>
```

O código da página de web segue basicamente o mesmo formato dos exemplos anteriores. O URL é construído usando os valores relativos à sua conta e seu Photon nas variáveis `accessToken` e `deviceID`.

Nesse exemplo, a função `callback` não precisa estar contida dentro da função `sendMorse`, já que ela não acessa nenhuma de suas variáveis ou parâmetros. A função `callback` exibe uma caixa de diálogo de alerta indicando se o envio da mensagem foi bem sucedido ou não.

A função `sendMorse` extrai primeiro, da página de web exibida, a mensagem que foi digitada pelo usuário no campo de entrada de texto (cujo identificador é `message`). Essa mensagem é armazenada numa variável de mesmo nome `message`. Esse dado é incluído no comando `$.post` como parâmetro da solicitação HTTP que irá disparar a Função `morse` no Photon.

>> Hardware

A Figura 5-12 mostra a disposição no protoboard dos componentes deste projeto.

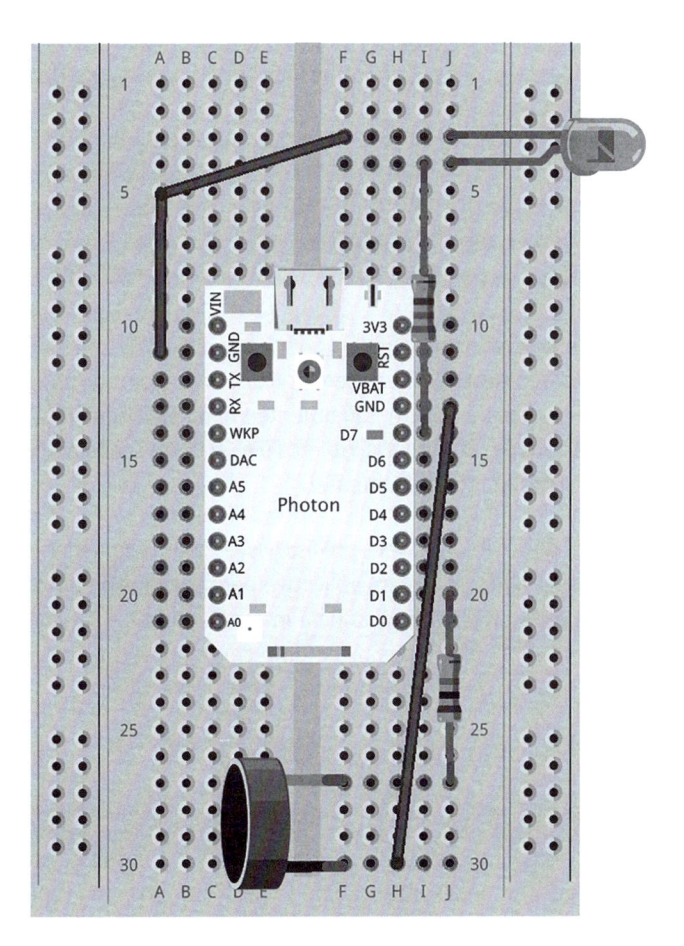

Figura 5-12 >> Protoboard com os componentes do Projeto 8 com LED e buzzer.

Você poderá distinguir entre si os resistores de 220Ω e 1kΩ porque o resistor de 220Ω tem as faixas vermelho, vermelho e marrom e o de 1kΩ, as faixas marrom, preto e vermelho. Os terminais do buzzer podem ser conectados de qualquer forma, mas lembre-se de que o terminal positivo mais longo do LED deve estar inserido na mesma coluna do protoboard em que está um dos terminais do resistor R1.

Quando terminar a montagem no protoboard, energize o Photon para testar o funcionamento do projeto.

» Usando o Projeto

Primeiro, abra a página de web deste projeto no seu navegador. Em seguida, digite uma mensagem no campo de entrada de texto e clique no botão SEND (enviar). Depois de alguns momentos, a mensagem que você digitou começará a ser transmitida em código Morse na forma de pulsos luminosos no LED e como bipes no buzzer. Lembre-se de que o tamanho máximo da mensagem é 63 caracteres.

» Variáveis

Até agora, todos os nossos projetos de Internet das Coisas fizeram um Photon realizar alguma coisa usando Funções de nuvem. Igualmente importante seria a capacidade de ler informações produzidas por um Photon. Os Projetos 9 e 10 usam sensores, conectados a um Photon, que podem ser consultados pela Internet.

Para buscar informações de um Photon, você precisa usar as assim chamadas *Variáveis Particle*. A definição de uma dessas variáveis em um aplicativo permitirá que o Photon envie de volta o seu valor quando for feita uma solicitação pela Internet. Como as Funções de nuvem, as Variáveis Particle podem ser confundidas facilmente com variáveis C comuns. Por isso, eu usarei um V maiúsculo quando me referir a uma Variável Particle.

As Variáveis Particle têm outras semelhanças com as Funções de nuvem. Elas têm um identificador (do tipo `string`) usado para identificar a Variável. Desse modo, você saberá o que pedir em uma solicitação de web. Elas também são definidas na função `setup`, mas, em vez de serem associadas a funções C, elas são associadas a variáveis C. Seus valores serão informados quando chegar alguma solicitação pela web. É tarefa de seu programa manter o valor de uma variável C constantemente atualizado para que o valor retornado seja o mais recente no momento em que chegar uma solicitação para essa Variável.

No próximo projeto, você verá isso funcionando em um exemplo simples. Primeiro, você precisa aprender um pouco sobre como conectar sensores a um Photon e fazer as suas leituras.

Entradas Analógicas

Você encontrará seis pinos, de A0 a A5, no lado esquerdo do Photon. Embora esses pinos possam ser usados como entradas ou saídas digitais, como D0 a D7, os pinos A também podem ser usados como entradas analógicas.

Ao passo que uma entrada digital pode ler apenas se alguma coisa está em nível alto ou baixo, uma entrada analógica pode medir a tensão em um pino como um número entre 0 e 4095, em que 0 indica uma tensão de 0V e 4095, uma tensão de 3,3V.

> **TENSÃO MÁXIMA DE 3,3V**
>
> Não caia na tentação de conectar uma tensão maior do que 3,3V a uma entrada analógica. Provavelmente você danificará seu Photon.

Se a tensão de saída de um sensor variar dentro da faixa de 0 a 3,3V, então você poderá conectá-lo a um dos pinos de entrada analógica e ler sua tensão. Dessa forma, após algum processamento, você poderá obter o valor correspondente à grandeza física que o sensor está medindo, como temperatura ou intensidade luminosa.

Como exemplo, carregue (FLASH) o arquivo *ch_05_analog_ins* da biblioteca *PHOTON_BOOK*. A seguir, vemos sua listagem:

```
int reading = 0;
int analogPin = A0;

void setup() {
    Spark.variable("analog", &reading, INT);
}

void loop() {
    reading = analogRead(analogPin);
}
```

Aqui o programa inicia com uma variável C de leitura (`reading`). Essa é a variável C cujo valor será retornado quando o Photon receber pela web uma solicitação do valor da respectiva Variável Particle. A outra variável (`analogPin`) simplesmente identifica o pino analógico que será usado, neste caso, A0.

A ligação entre a variável C e a Variável Particle ocorre na função `setup`. O primeiro parâmetro (`analog`) é o nome dado à Variável e o segundo (`&reading`) identifica a variável C que a Variável analógica usará. O símbolo `&` é um recurso da linguagem C que indica o endereço de memória de uma variável. Se o segundo parâmetro fosse apenas `reading` e não `&reading`, então o valor de `reading` seria substituído naquele parâmetro e, como `reading` é 0 nesse momento, os valores da Variável nunca seriam alterados. O uso de `&` permite que o firmware do Photon retarde a busca do valor da variável até que o valor da Variável Particle seja necessário.

Transfira e grave (FLASH) o programa no seu Photon. Para testá-lo, você poderá usar um navegador de web porque, diferentemente das Funções de nuvem, as Variáveis usam solicitações HTTP do tipo "get", que podem ser obtidas simplesmente fornecendo um URL na barra de endereço de seu navegador. Portanto, abra uma janela no navegador e entre com o seguinte URL na barra de endereço:

```
https://api.spark.io/v1/devices/<DEVICE ID>/analog?access_token=<ACCESS TOKEN>
```

Não esqueça de substituir seu `deviceid` e seu `accesstoken` no URL. O resultado (`result`) pode ser visto numa página de web como mostra a Figura 5-13.

Atualize a página algumas vezes e você deverá ver o valor de `result` mudar ligeiramente a cada vez. Isso não surpreende porque a entrada analógica não tem nada conectado a ela. Dizemos que a entrada está *flutuando*, ou seja, a sua tensão oscila de forma aleatória.

Usando um fio jumper macho–macho, conecte o pino A0 ao pino GND (Figura 5-14) e atualize a página de web. Em seguida, desconecte o jumper de GND e ligue-o ao pino 3.3V (Figura 5-15) e, novamente, atualize a página de web. Você deve ver que, com A0 ligado a GND, você obtém um valor 0 e, com A0 ligado a 3.3V, você obtém um valor em torno de 4095.

Figura 5-13 >> Solicitando uma Variável usando um navegador.

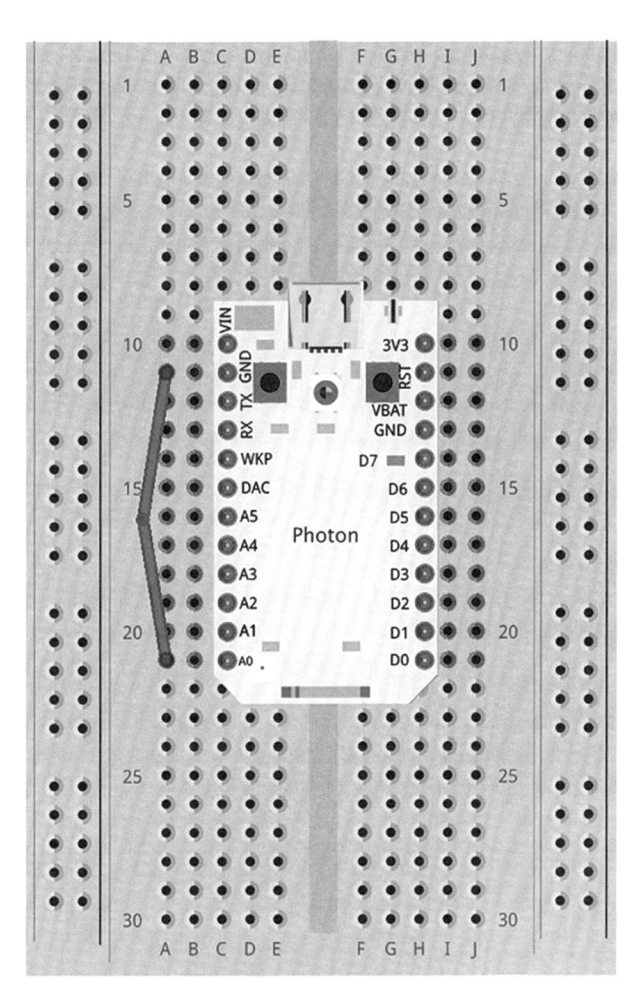

Figura 5-14 >> Conectando A0 a GND.

No Projeto 9, usaremos um fotorresistor como sensor luminoso. O seu valor poderá ser lido usando uma solicitação web de uma Variável Particle.

>> Projeto 9. Medindo a Luz pela Internet

Neste projeto, um fotorresistor será utilizado para medir a intensidade luminosa de um ambiente e seu valor será exibido em uma página da Internet. Essa intensidade será lida na forma de tensão no pino A0 (Figura 5-16).

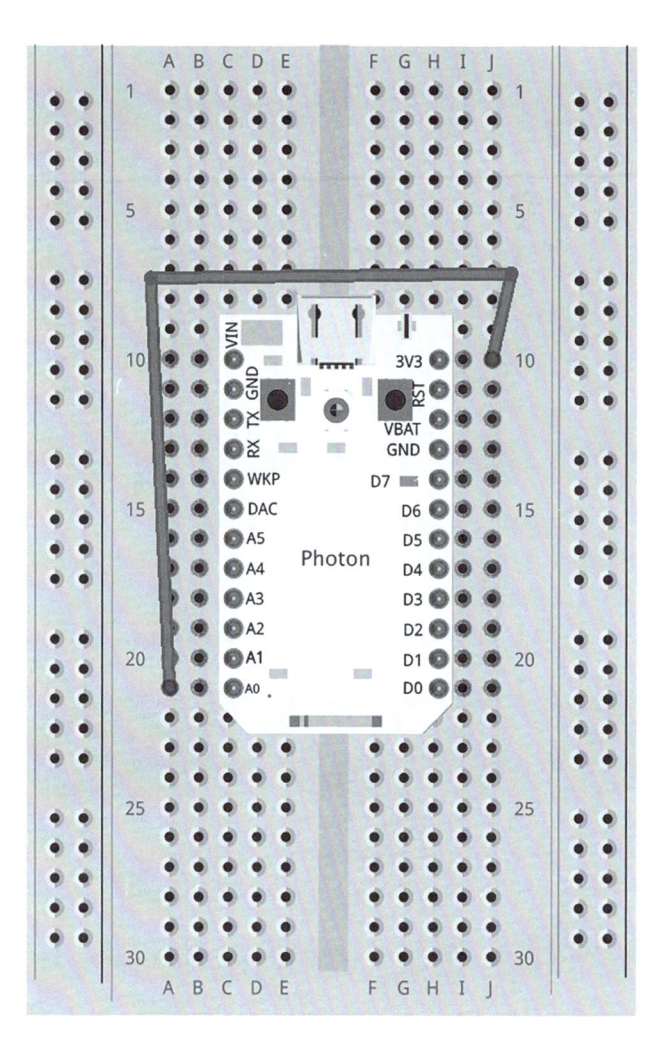

Figura 5-15 >> Conectando A0 a 3.3V.

>> Componentes

Para construir esse projeto, você precisará das partes listadas na Tabela 5-3, além de seu Photon.

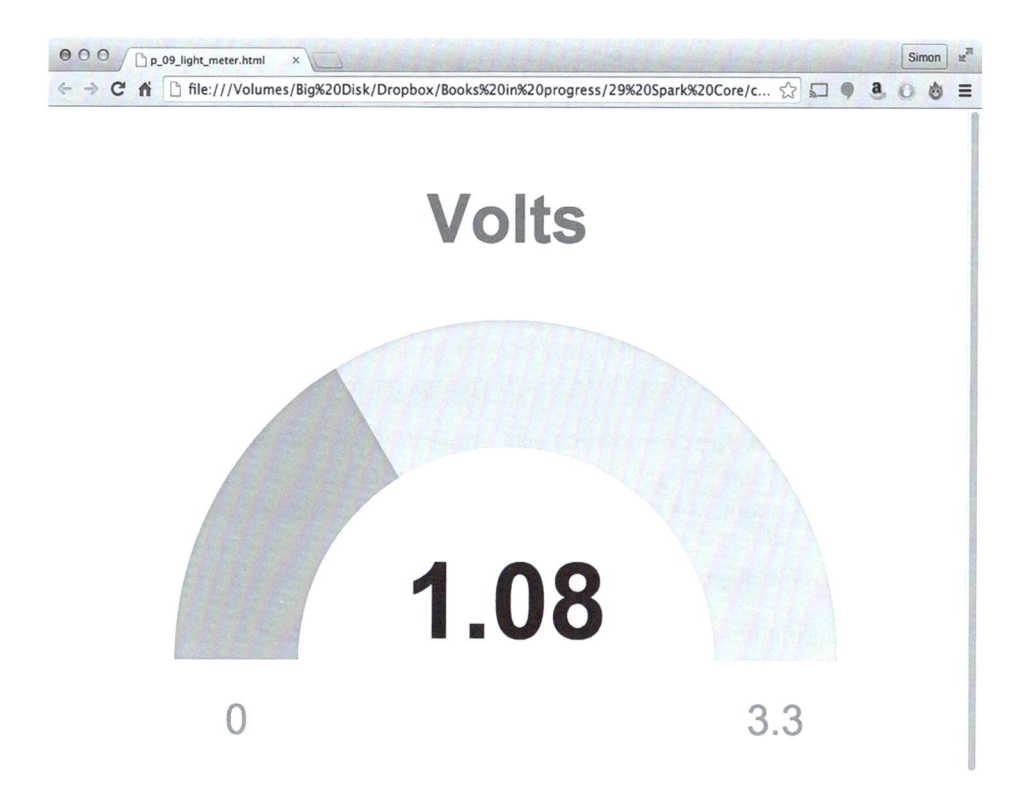

Figura 5-16 >> Exibindo a tensão no pino A0.

Tabela 5-3 >> **Lista de componentes para o Projeto 9**

Componente	Descrição	Código no Apêndice A
R1	Fotorresistor (LDR)	C6
R2	Resistor de 1 kΩ	C5
	Fios jumpers de conexão macho–macho	H4
	Protoboard de tamanho médio	H5

>> Software

O código para este projeto pode ser encontrado no arquivo *p_09_Lightmeter* (Medidor de luz) que está na biblioteca *PHOTON_BOOK* do Web IDE.

```
int reading = 0;
double volts = 0.0;
int analogPin = A0;
```

```
void setup() {
    Spark.variable("analog", &reading, INT);
    Spark.variable("volts", &volts, DOUBLE);
}

void loop() {
    reading = analogRead(analogPin);
    volts = reading * 3.3 / 4096.0;
}
```

Esse código é similar ao do exemplo mostrado na seção anterior. Entretanto, essa versão tem duas Variáveis de nuvem: `reading` e `volts`. Em um aplicativo, podemos ter até 10 Variáveis.

A Variável de nuvem `reading` (leitura) está associada a uma variável de mesmo nome `reading` em C e retorna o mesmo resultado do exemplo anterior. Por outro lado, a segunda Variável (`volts`) retornará a tensão real presente no pino analógico. Para calcular essa tensão em volts, a leitura feita no pino é multiplicada primeiro por 3,3 e, a seguir, dividida por 4096 (o valor máximo que `reading` pode assumir).

O medidor gráfico é uma cortesia do plugin JavaScript denominado JustGage. A página da web onde ele está disponível pode ser encontrada no arquivo *p_09_light_meter.html* juntamente com as bibliotecas para o JustGage.

```
<html>
<head>
<script src="http://ajax.googleapis.com/ajax/libs/jquery/
1.7.2/
jquery.min.js" type="text/javascript" charset="utf-8">
</script>
<script src="raphael.2.1.0.min.js"></script>
<script src="justgage.1.0.1.min.js"></script>

<script>
var accessToken = "cb8b348000e9d0ea9e354990bbd39ccbfb57b30e";
var deviceID = "54ff72066672524860351167"
var url = "https://api.spark.io/v1/devices/" + deviceID + "/
volts";

function callback(data, status){
    if (status == "success") {
        volts = parseFloat(data.result);
        volts = volts.toFixed(2);
        g.refresh(volts);
        setTimeout(getReading, 1000);
    }
    else {
        alert("There was a problem");
    }
}
```

```
function getReading(){
    $.get(url, {access_token: accessToken}, callback);
}
</script>
</head>

<body>
<div id="gauge" class="200x160px"></div>

<script>
var g = new JustGage({
    id: "gauge",
    value: 0,
    min: 0,
    max: 3.3,
    title: "Volts"
});
getReading();
</script>

</body>
</html>
```

As bibliotecas JustGage e Raphael são importadas e definidas especificamente para o `accessToken` e `deviceID`. Não esqueça de atualizar esses valores com os de sua conta e seu Photon.

Na segunda metade do código, vemos a função JavaScript `getReading` sendo chamada. Ela monta a solicitação HTTP que será enviada, além de anexar também a função `callback`.

Quando a solicitação é atendida, a função `callback` (chamar de volta) verifica se a solicitação foi bem sucedida ou não e, em caso afirmativo, extrai o valor da tensão lida (em volts) do resultado. Para isso, uma `string` é convertida em um valor do tipo `float` usando o comando `parseFloat`. Como o número poderá apresentar diversas casas depois da vírgula, o número é truncado para duas casas decimais usando a função `toFixed`.

O valor exibido no medidor gráfico é atualizado com o valor da nova tensão chamando `g.refresh`. Em seguida, a função `setTimeout` é programada para aguardar um segundo e executar uma nova chamada de `getReading`.

Para o medidor gráfico, é necessário criar na sua página de web uma seção, ou divisão, definida com as tags `div` e `/div` cujo identificador (`id`) será `gauge` (medidor). O medidor será desenhado no interior dessa divisão. Além disso, será necessário um pequeno *script* para fazer a inicialização. Aqui, você poderá alterar os valores mínimo e máximo do medidor, além de seu título.

» Hardware

A Figura 5-17 mostra o protoboard com os componentes do Projeto 9. Os terminais do resistor e do fotorresistor podem ser inseridos de qualquer jeito. Eles formam um divisor de tensão (veja "Fotorresistores e Divisores de Tensão" na página 115) cuja tensão no pino A0 depende da intensidade de luz que incide no fotorresistor.

Assim que terminar a montagem no protoboard, energize seu Photon e o projeto estará pronto para ser utilizado.

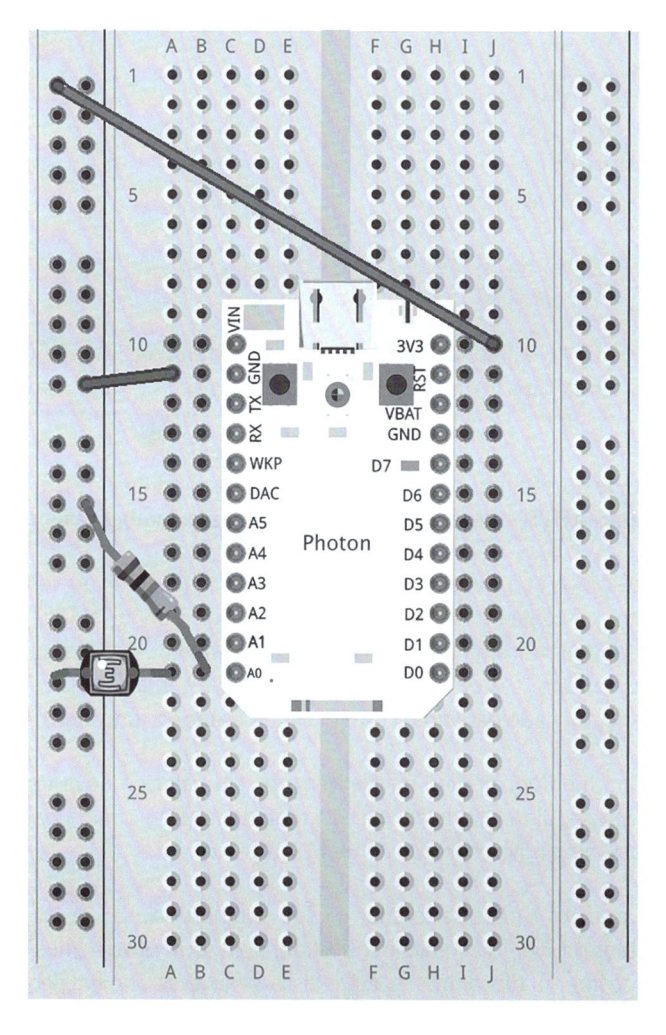

Figura 5-17 » Disposição no protoboard dos componentes do Projeto 9.

FOTORRESISTORES E DIVISORES DE TENSÃO

Neste projeto, um resistor de valor fixo é utilizado em série com um fotorresistor. A resistência do fotorresistor varia de acordo com a intensidade da luz que incide nele. Eles estão dispostos numa configuração denominada *divisor de tensão* (veja a Figura 5-18).

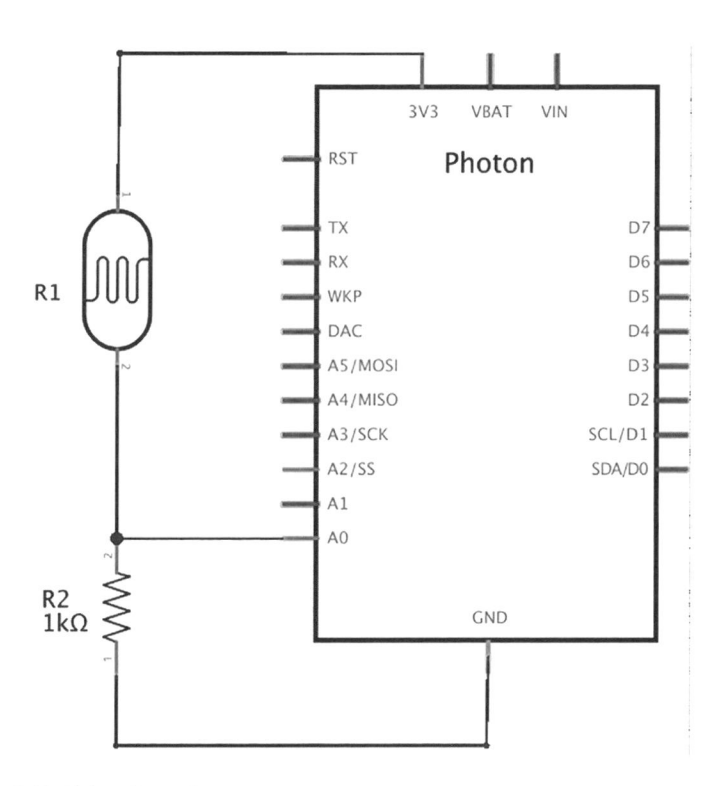

Figura 5-18 >> Divisor de tensão.

Se a luz que incide sobre o fotorresistor é exatamente a necessária para que sua resistência seja igual à de R2 (1kΩ), então a tensão de 3,3V é dividida igualmente entre os dois resistores e a tensão em A0 é a metade de 3,3V, isto é, 1,66V. Quanto menor for a resistência no fotorresistor (mais luz), menor será a queda de tensão nele e, consequentemente, maior tensão haverá sobre R2 e maior será a tensão em A0.

> **POLLING EXCESSIVO DE DADOS**
>
> A leitura repetida de dados como é feita neste projeto é denominada *polling*. No nosso caso, a página da web está solicitando do Photon um valor de Variável de nuvem a cada segundo. Se dezenas ou centenas de milhares de usuários de Photon estiverem fazendo isso simultaneamente, o serviço de nuvem da Particle sofrerá um congestionamento muito severo.
>
> Se você faz muitas leituras por segundo e realmente utiliza os dados, então se justifica. No entanto, se você fizer as leituras e não usá-las, você irá desperdiçar recursos de Internet e contribuirá para seu congestionamento. Nesse caso, o correto seria você manter a janela do navegador fechada quando não necessitasse dos dados, ou, se você necessitasse de dados contínuos, pelo menos poderia baixar a taxa de leitura para uma bem menor como, por exemplo, uma leitura a cada 10 segundos.

Usando o Projeto

Abra a página de web *p_09_light_meter.html* e a janela deverá se parecer com a mostrada na Figura 5-16.

Cubra o fotorresistor com a mão e você verá a leitura diminuindo. Aproxime-o de uma luz e o medidor gráfico se deslocará para a direita.

Há outros tipos de sensores resistivos para diversas finalidades que poderiam ser usados no lugar do fotorresistor, incluindo extensômetros (para medir deformações mecânicas), resistores variáveis (para controle de volume de som) e alguns tipos de detectores de gás.

No próximo projeto, você usará um tipo diferente de sensor para proporcionar o monitoramento remoto de temperatura.

Projeto 10. Medindo a Temperatura pela Internet

Este projeto é muito similar ao anterior, mas em vez de usar um fotorresistor para medir a intensidade luminosa, ele usa um chip para realizar a medição digital da temperatura. O medidor gráfico do projeto anterior é perfeito para essa finalidade. A Figura 5-19 mostra

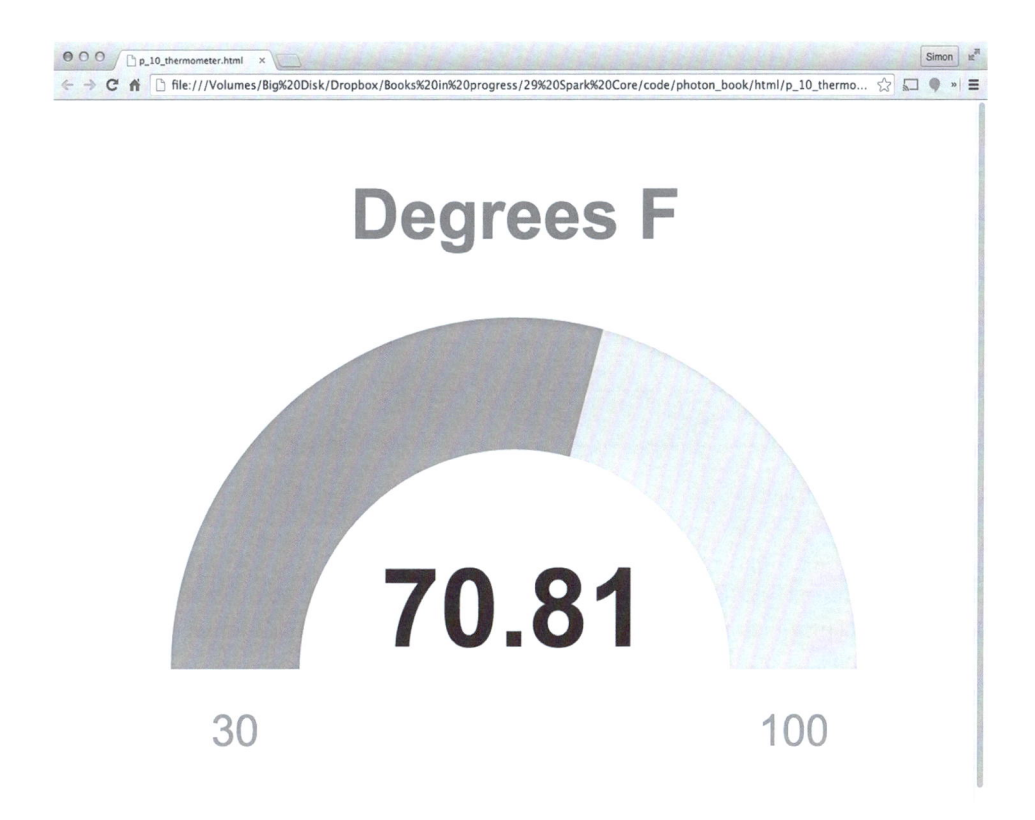

Figura 5-19 >> Um termômetro de Internet.

o medidor usando graus (Degrees) da escala Fahrenheit (F), mas que pode ser facilmente alterada para graus da escala Celsius (C).

>> Componentes

Para construir esse projeto, você precisará das partes listadas na Tabela 5-4, além de seu Photon.

O sensor de temperatura usado é na realidade um chip com encapsulamento à prova de água e fios de conexão. Desse modo, se desejar, você poderá instalar o sensor a uma certa distância do Photon.

Tabela 5-4 >> **Lista de componentes para o Projeto 10**

Componente	Descrição	Código no Apêndice A
IC1	Sensor de temperatura DS18B20	C7
R1	Resistor de 4,7kΩ	C9
C1	Capacitor de 100nF (0,1uF)	C8
	Fios jumpers de conexão macho–macho	H4
	Protoboard de tamanho médio	H5

>> Software

O aplicativo deste projeto poderá ser encontrado no arquivo *p_10_Thermometer_Dallas* dentro da biblioteca *PHOTON_BOOK* do Web IDE. Localize esse aplicativo e clique em USE THIS EXAMPLE (Usar esse exemplo). O nome *Dallas* é usado porque o sensor de temperatura usado é construído pela empresa Dallas Semiconductors.

O programa contém duas Variáveis de nuvem: uma que fornece a temperatura em graus da escala Fahrenheit (F) e outra, em graus da escala Celsius (C).

```
#include "OneWire/OneWire.h"
#include "spark-dallas-temperature/spark-dallas-
temperature.h"

double tempC = 0.0;
double tempF = 0.0;

int tempSensorPin = D2;

OneWire oneWire(tempSensorPin);
DallasTemperature sensors(&oneWire);

void setup() {
    sensors.begin();
    Spark.variable("tempc", &tempC, DOUBLE);
    Spark.variable("tempf", &tempF, DOUBLE);
}

void loop() {
    sensors.requestTemperatures();
    tempC = sensors.getTempCByIndex(0);
    tempF = tempC * 9.0 / 5.0 + 32.0;
}
```

A primeira coisa a observar nesse programa é que ele usa duas bibliotecas, indicadas pelos comandos `#include` (Incluir) no início do programa. Bibliotecas são formas de compartilhar códigos que podem ser utilizados por qualquer pessoa. Como o interfaceamento com o chip DS18B20 é um tanto complexo, Tom de Boer converteu uma biblioteca original para Arduino em uma que opera com o Photon. Essa biblioteca (*spark-dallas-temperature*) fundamenta-se em uma outra biblioteca (*OneWire*) que se encarrega da comunicação serial com o chip sensor de temperatura.

Para que seu aplicativo funcione, além de ter os comandos `#include` no topo do programa, você deverá acrescentar as bibliotecas ao aplicativo. Para isso, supondo que o programa *p_10_Thermometer_Dallas* já esteja no Web IDE, primeiro clique no botão LIBRARIES (Bibliotecas) do Web IDE e então escreva "Dallas" na caixa de busca abaixo de COMMUNITY LIBRARIES (Bibliotecas da comunidade). Aparecerá uma lista de nomes de biblioteca em que "Dallas" aparece. Clique em "spark-dallas-temperature" (em letras minúsculas) (ver Figura 5-20).

A seguir, faça a inclusão clicando em INCLUDE IN PROJECT (Incluir no projeto). É possível que o Web IDE peça confirmação de qual é o aplicativo em que deve ser feita a inclusão. Repita o mesmo processo, buscando e incluindo a biblioteca OneWire.

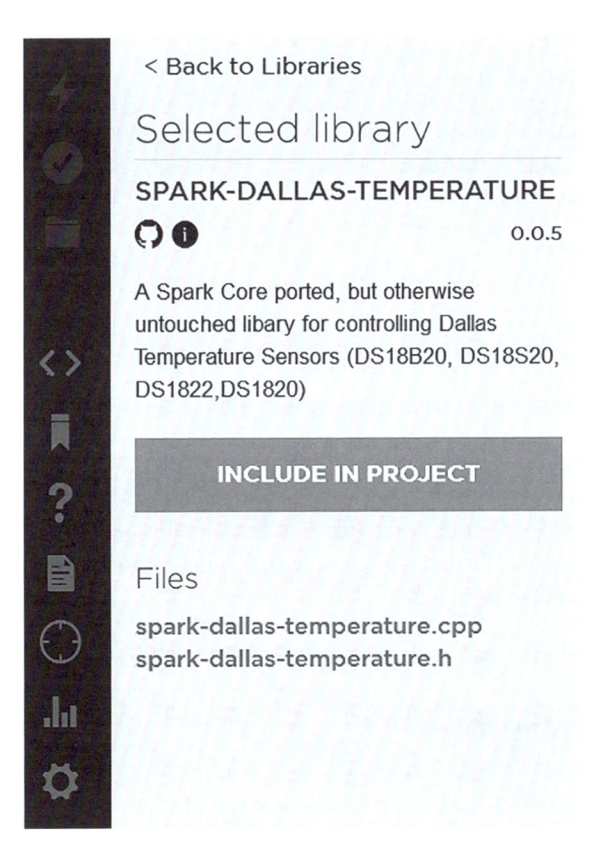

Figura 5-20 ≫ Usando a biblioteca Dallas Temperature em um aplicativo.

Seguindo no código propriamente dito, após a variável `tempSensorPin` ser associada ao pino D2, a seguinte definição é chamada para que o barramento serial OneWire comece a operar nesse pino:

```
OneWire oneWire(tempSensorPin);
```

A próxima linha instrui a biblioteca Dallas Temperature a usar essa interface quando for se comunicar com sensores de temperatura. Se desejar, você poderá conectar um conjunto inteiro de sensores de temperatura no mesmo pino.

A função `setup` contém uma chamada a `sensors.begin()` que faz os sensores iniciarem o monitoramento de temperatura.

A função `loop` contém o código que realmente faz a leitura de temperatura. Esse processo ocorre em dois passos. No primeiro, `sensors.requestTemperatures` é chamada, resultando na leitura de todos os sensores (mesmo que neste caso só haja um). No segundo passo, ocorre o acesso propriamente dito à leitura que foi feita, utilizando `getTempCByIndex` (obtenha a temperatura em graus C pelo índice). O índice fornecido como parâmetro é 0 para o primeiro sensor conectado ao Photon. Se houvesse um segundo DS18B20 conectado, ele teria índice 1 e assim por diante.

A seguir, a temperatura em graus F é calculada usando uma fórmula padrão.

A página de web é quase idêntica à página do sensor de luz. Há pequenas mudanças porque agora é uma temperatura que está sendo exibida. Essa página de web pode ser encontrada no arquivo *p_10_thermometer.html*.

» Hardware

A disposição dos componentes no protoboard está mostrada na Figura 5-21.

O sensor de temperatura tem quatro terminais. Um é conectado à malha de blindagem dentro do cabo. No nosso caso, não é necessário conectá-lo. Os outros terminais são vermelho (positivo da alimentação elétrica), preto (GND) e amarelo (o sinal de dados). O resistor deve ser conectado entre o sinal de dados e o positivo da alimentação. O capacitor deve ser ligado entre o positivo da alimentação e GND.

» Usando o Projeto

Para utilizar o projeto, transfira (FLASH) o aplicativo ao Photon e, a seguir, abra a página de web *p_10_thermometer.html*.

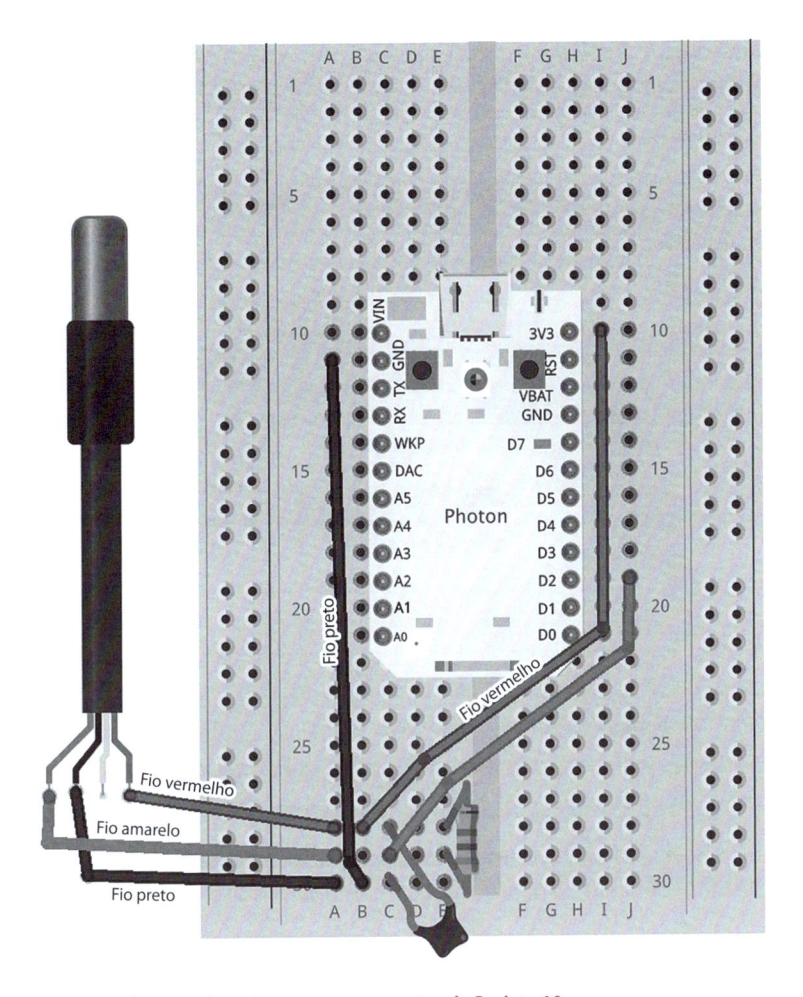

Figura 5-21 >> Protoboard com os componentes do Projeto 10.

Se você quiser alterar a exibição de temperatura para que seja na escala Celsius (C) em vez de Fahrenheit (F), abra *p_10_thermometer.html* em um editor de texto e faça as seguintes alterações:

Troque a linha

```
var url = "https://api.spark.io/v1/devices/" + deviceID + "/
tempf";
```

por

```
var url = "https://api.spark.io/v1/devices/" + deviceID + "/
tempc";
```

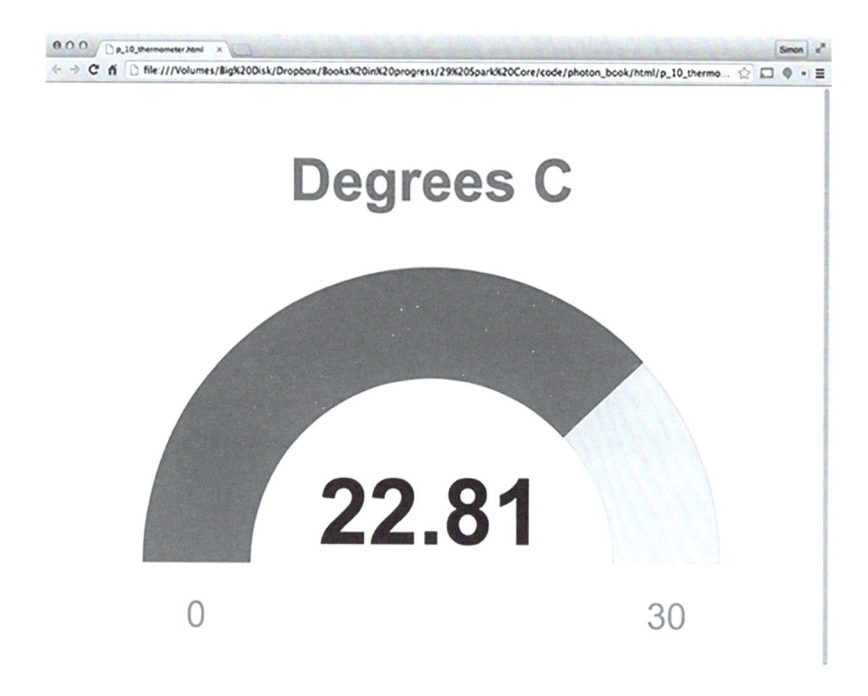

Figura 5-22 >> A temperatura em graus da escala Celsius (C).

Em outras palavras, utilize a Variável `tempc` no lugar da Variável `tempf`.

Você também deverá alterar o título do medidor e a faixa de leitura de 0V a 30V. Para isso, modifique o bloco de script no final do arquivo como vemos a seguir:

```
<script>
var g = new JustGage({
    id: "gauge",
    value: 0,
    min: 0,
    max: 30,
    title: "Degrees C"
});
getReading();
</script>
```

Carregue novamente a página em seu navegador e ela deverá ser similar à mostrada na Figura 5-22.

>> Resumo

Neste capítulo, você utilizou entradas analógicas conectadas a sensores e saídas digitais que controlavam LEDs e buzzers, permitindo a realização de projetos simples de IoT. No próximo capítulo, você aprenderá mais sobre a Internet das Coisas e como utilizar o Photon com o popular serviço de web denominado If This Then That (IFTT).

CAPÍTULO 6

If This Then That

O serviço de web If This Then That – IFTTT (Se Isto Então Aquilo) – possibilita a conexão entre diversos serviços de Internet de forma simples. O IFTTT permite que você defina *receitas* como "Se alguém copiar algum de meus projetos que estão armazenados na plataforma de projetos GitHub, envie-me um e-mail dizendo quem fez isso". Cada receita é implementada na forma de um *applet*.* O IFTTT também permite conexão com serviços de web mais convencionais como Gmail, Twitter, Facebook e assim por diante. O IFTTT também pode ser integrado com serviços de IoT, como o da Particle. Isso significa que você pode elaborar receitas a partir de algum dispositivo baseado no Photon. Por exemplo, "Quando a temperatura subir acima de 21 graus, envie-me um e-mail" ou "Sempre que alguém fizer menção a mim em um tweet, faça meu Photon acionar uma campainha", ou ainda "Quando eu receber um e-mail, copie a linha de Assunto do e-mail e transmita-a na forma de pulsos luminosos em código Morse".

OBJETIVOS DE APRENDIZAGEM

» Conhecer a estrutura do serviço de Internet IFTTT.
» Conhecer o funcionamento de applets com gatilho para disparar uma ação.
» Criar applets para uso com o serviço IFTTT.
» Realizar três projetos com o Photon e o serviço IFTTT para desencadear ações diversas.

---

*N. de T.: Um *applet* pode ser entendido como um pequeno programa que quando é ativado passa a executar alguma "ação". O serviço IFTTT aloja inúmeros *applets* criados por seus usuários. Esses *applets* são disparados quando o site IFTTT é acessado com o endereço de web próprio de cada *applet*. No nosso caso, o *applet* que você criará terá como condição de disparo a ocorrência de uma leitura de temperatura acima de 70 graus (ver Projeto 10) e a ação resultante será o envio de uma mensagem ao endereço de e-mail registrado por você no IFTTT. Tanto o gatilho do disparo como a ação a ser executada pelo *applet* são definidos por você durante a criação do *applet*. Essa composição "*se isso então aquilo = If This Than That*" dá nome ao serviço de web IFTTT.

O Serviço de Internet IFTTT

Para usar o serviço IFTTT, você deve se registrar. Para isso, comece entrando no site *http://ifttt.com*. A seguir, no canto superior direito clique em SIGN UP para se registrar. Você deverá fornecer um e-mail e criar uma senha. Será criado automaticamente um *Username* (Nome de usuário) que é o mesmo de seu e-mail. É possível também usar Facebook ou Google. Depois de registrado, você poderá escrever seus próprios *applets* ou usar os *applets* escritos por outras pessoas. Em *https://ifttt.com/collections*, é possível conhecer os *applets* disponíveis.

O IFTTT pode interagir com muitos outros serviços de web, como Facebook, Twitter e Gmail. É importante ter claro que, para criar e usar *applets* que usam esses serviços, você deverá dar autorização ao IFTTT (dando inclusive as senhas) para que ele possa acessar e usar essas contas.

Neste ponto, é recomendado que você explore o serviço IFTTT, lendo em seu site as instruções de como iniciar. Inclusive, você poderia experimentar uma ou duas receitas simples antes de começar a usá-lo com seu Photon.*

Projeto 11. Alertas de Temperatura por E-mail

Este projeto usa o mesmo programa que foi usado no Projeto 10. Além disso, usa exatamente o mesmo hardware do Projeto 10. Portanto, se você ainda não montou esse hardware, monte e teste-o antes de prosseguir.

Neste projeto, não utilizaremos a página de web que foi criada no Projeto 10 para exibir a temperatura (embora você ainda possa usá-la para testes). Em vez disso, você criará uma receita IFTTT (*applet*) que monitorará a Variável de nuvem de temperatura e enviará um e-mail para você quando a temperatura ultrapassar os 70 graus na escala Fahrenheit (ou 21,1°C).

Monte o Projeto 10 e ligue o Photon para que o serviço de web IFTTT possa encontrá-lo.

A seguir, inicie a criação de um novo *applet* (receita). Supondo que você já se registrou anteriormente, entre na página *http://ifttt.com* e clique em SIGN IN no canto superior direito para fazer login. Aparecerá uma nova tela. Se você não está usando nem Google nem Facebook, clique novamente em SIGN IN na linha mais abaixo. Na tela de SIGN IN, preencha

---

*N. de T.: Uma descrição detalhada sobre o funcionamento do serviço IFTTT pode ser encontrada no Capítulo 10 do livro *Programação com Arduino: começando com sketches*, 2.ed., do mesmo autor.

os campos adequadamente e confirme. Você verá seu nome de usuário (*Username*) aparecer no canto superior direito.

Agora, você poderá efetivamente iniciar a construção de um *applet*. Clique no *Username* para abrir um menu de opções. Escolha a opção NEW APPLET (Novo applet) e você será levado à primeira página do procedimento de criação de um *applet* (Figura 6-1).*

O foco aqui está na palavra em destaque *this* (isto). Você deverá clicar nela para iniciar o processo de escolha de um *trigger* (gatilho). Após, você será levado à tela CHOOSE A SERVICE (Escolha um serviço). Cada um dos ícones representa uma opção de serviço de web vinculado ao IFTTT. Cada serviço oferece um ou mais tipos de gatilho (*triggers*) para atender a diversas necessidades. O nosso interesse está nos gatilhos oferecidos pela Particle. Percorra a lista, como mostrado na Figura 6-2, até encontrar o ícone da Particle. Você também poderá fazer uma busca entrando com o nome *Particle* no campo mostrado. Na Figura 6-2, o campo de busca aparece com as duas primeiras letras (pa) de Particle e as respectivas opções de serviço.

Clique no ícone PARTICLE e aparecerá uma tela separada para fazer login na sua conta no serviço de nuvem da Particle. A finalidade é fornecer os dados da sua conta Particle e dar autorização para que o IFTTT possa acessá-la. Depois de dar OK, surgirá uma lista dos gatilhos disponíveis (Figura 6-3).

Selecione MONITOR A VARIABLE (Monitorar uma variável) porque você deseja monitorar o valor da Variável `tempF` no seu Photon.

Isso abrirá uma janela na qual você deverá completar os campos do gatilho (COMPLETE TRIGGER FIELDS), como mostrado na Figura 6-4.

Figura 6-1 >> Início da criação de um novo applet no IFTTT.

---

*N. de T.: O serviço IFTTT está em contínuo desenvolvimento, sendo possível que você encontre diferenças entre o que o autor escreveu e o que é mostrado atualmente.

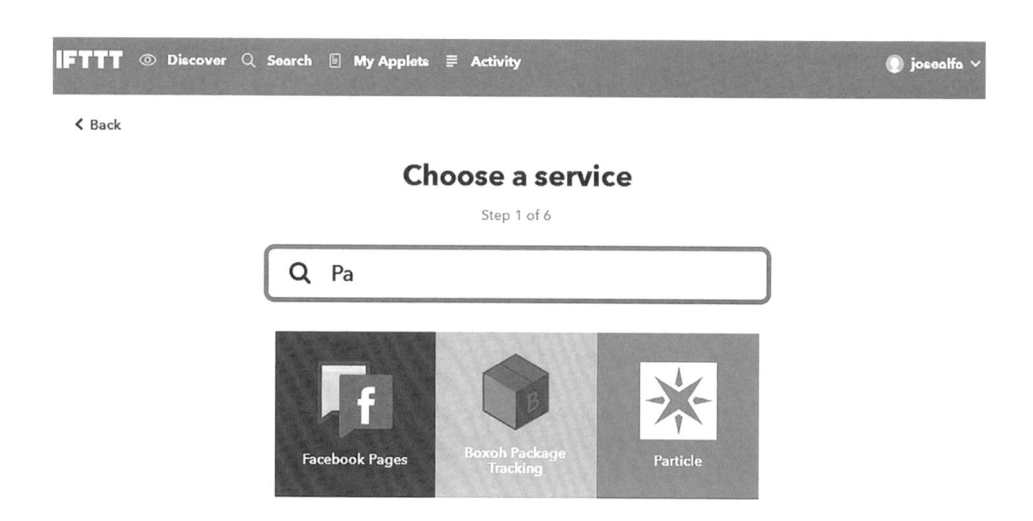

Figura 6-2 ›› Escolhendo um serviço de gatilho(s) no IFTTT.

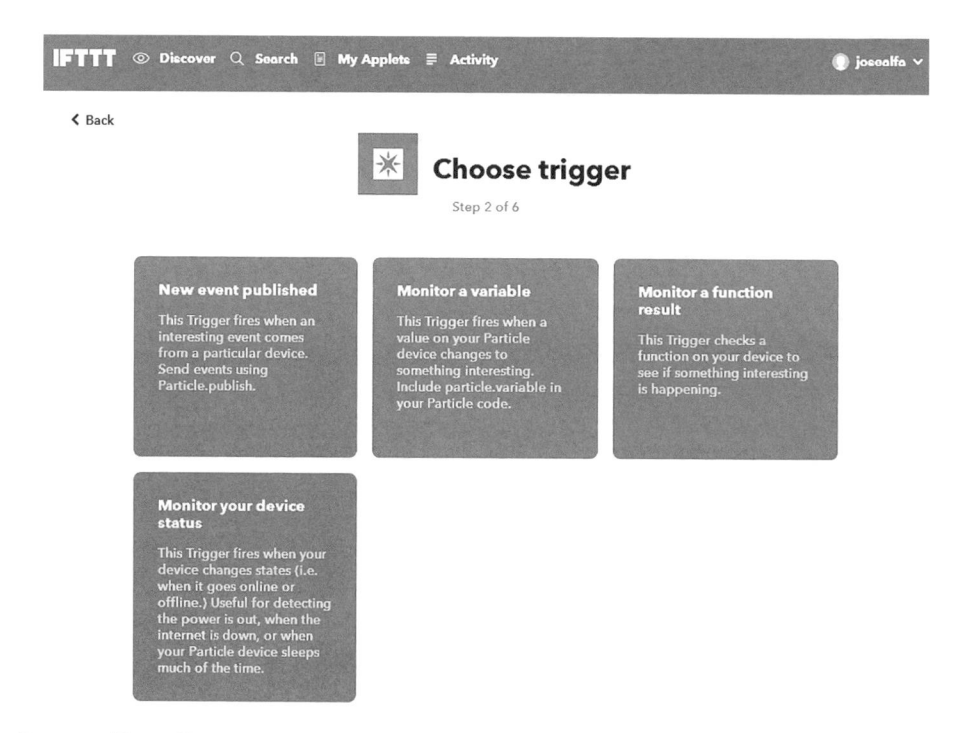

Figura 6-3 ›› Escolhendo um gatilho (Choose a Trigger) no IFTTT.

O objetivo aqui é definir a condição que, se verdadeira, desencadeará (gatilho) uma determinada ação. No caso, a condição é *Se a temperatura em graus Fahrenheit medida no Photon B é maior do que 70*. Essa condição é definida em três etapas preenchendo os três campos vistos na Figura 6-4.

Complete trigger fields

Step 2 of 6

Monitor a variable

This Trigger fires when a value on your Particle device changes to something interesting. Include particle.variable in your Particle code.

If (Variable Name)

tempf on "B"

The name of a Spark.variable; options will be pulled from your code once you run your firmware

is (Test Operation)

Greater

How should the function result compare to our comparison value?

Comparison Value (Value to Test Against)

70

Ex: If you want your device to ping you if temperature is over 72; then 72 = Comparison Value

Create trigger

Figura 6-4 >> Configuração do gatilho.

No campo IF (VARIABLE NAME) – Se (o nome da Variável) – você verá uma lista de todas as Variáveis associadas ao seu Photon. Você deverá clicar na Variável desejada para ser esse gatilho. Na Figura 6-4, você pode ver que a opção "`tempf on B`" (tempf em B) foi escolhida (B é o nome do meu Photon). Uma Variável de nuvem (ou Spark.variable) só aparece como opção se um programa que usa essa Variável já tiver sido gravado (FLASH) no Photon*.

No próximo campo IS (TEST OPERATION) – É (uma operação de comparação ou teste) – você deverá escolher a operação de comparação que, se verdadeira, servirá para disparar o gatilho. Queremos disparar alguma coisa quando a temperatura for maior do que 70 graus na escala Fahrenheit. Portanto, devemos escolher a operação de comparação GREATER (maior do que) para realizar o teste. Se você quisesse disparar alertas para temperaturas que estivessem abaixo de algum valor (digamos, para alertá-lo de que a água dentro dos canos está em vias de congelar), você poderia utilizar a operação LESS (menor do que).

---

*N. de T.: Em termos práticos, isso significa preparar a receita do *applet* sempre depois de ter gravado o respectivo programa no Photon.

No último campo da Figura 6-4, COMPARAISON VALUE (VALUE TO TEST AGAINST) – Valor de comparação (valor a ser testado) – insira o valor 70. A seguir, tendo preenchido todos os campos, clique em CREATE TRIGGER (criar gatilho) para efetivar a definição do gatilho e passar à próxima etapa (Figura 6-5). Se você mora em algum local com temperaturas mais elevadas, pode trocar 70 por 80 (26,7°C), de modo que, quando testar o *applet*, ele será disparado quando você deliberadamente aquecer o sensor.

Agora, você está sendo convidado a completar a parte *that* (aquilo) do If This Than That no *applet*. Observe que, no local onde estaria a palavra *this* (isto), aparece o ícone da Particle. Agora, clique na parte *that* e você verá uma lista com opções de serviços de ação para você escolher. A exemplo do que já fizemos na escolha do gatilho, começamos preenchendo o campo de busca com uma palavra. No caso, a palavra será *email* porque essa é a ação que deverá ser desencadeada quando houver disparo. Na Figura 6-6, já digitamos *em* de *email*, aparecendo três opções.

A ação que você deseja é que um e-mail lhe seja enviado. O e-mail virá do servidor de e-mail do IFTTT. O IFTTT já conhece seu endereço de e-mail porque ele foi fornecido quando você se registrou. Assim, escolha e clique no ícone EMAIL na lista de ícones de serviços de ação.

Figura 6-5 ≫ Definição da ação no IFTTT.

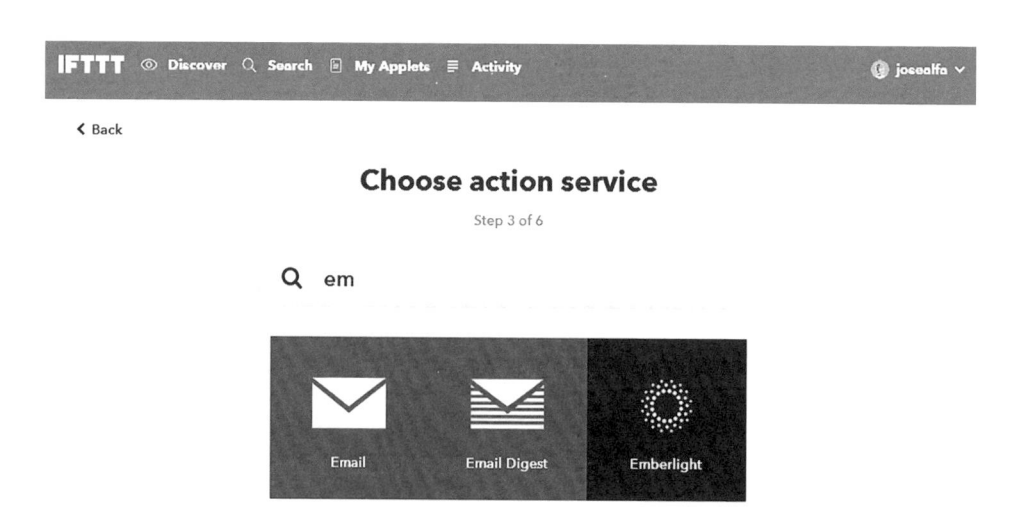

Figura 6-6 ≫ Escolhendo um serviço de ação.

A seguir, você verá as opções de ação oferecidas pelo serviço de e-mail. A ação que você escolher será executada por esse serviço. Neste caso, há apenas uma opção ("SEND ME AN EMAIL" – "Envie-me um e-mail"), como a Figura 6-7 mostra.

Clique na opção "SEND ME AN EMAIL" ("Envie-me um e-mail") e outra janela aparecerá, solicitando que os campos da ação sejam preenchidos (Figura 6-8).

Nessa janela, você determinará o que deve ser incluído no e-mail. Esse e-mail será enviado automaticamente quando houver um disparo. É uma mistura de texto comum que você escreve e os chamados *ingredientes* que você pode incluir, sendo preenchidos automaticamente no momento de envio do e-mail. Você dispõe de quatro ingredientes

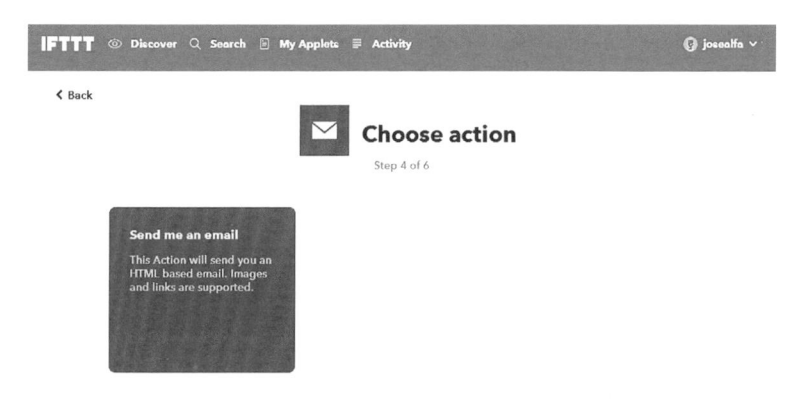

Figura 6-7 >> Escolhendo a ação de enviar um e-mail.

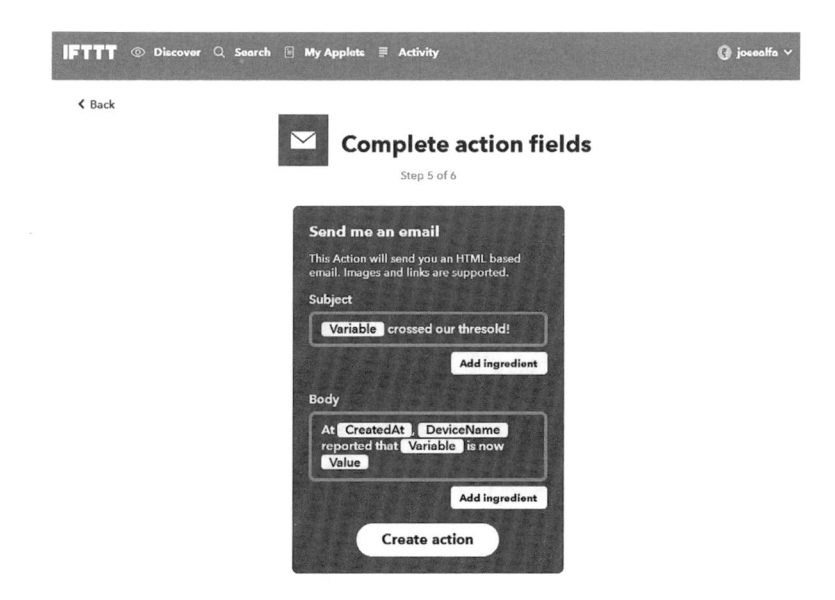

Figura 6-8 >> Opções para enviar um e-mail.

(*Variable*, *CreatedAt*, *DeviceName* e *Value*) para incluir no campo de assunto (subject) e no corpo (body) do e-mail. Seus significados são os seguintes:

Variable

    Variável – O nome da Variável no Photon. Neste caso, sempre será `tempf`

CreatedAt

    Criada em – A data e o horário em que a ação de enviar e-mail foi disparada

DeviceName

    Nome do dispositivo – O nome que você deu a seu Photon

Value

    Valor – O valor da Variável no horário em que o e-mail foi disparado

Complete os campos da ação conforme o mostrado na Figura 6-9. Você pode acrescentar e apagar ingredientes conforme a necessidade. Observe que, quando você preenche um

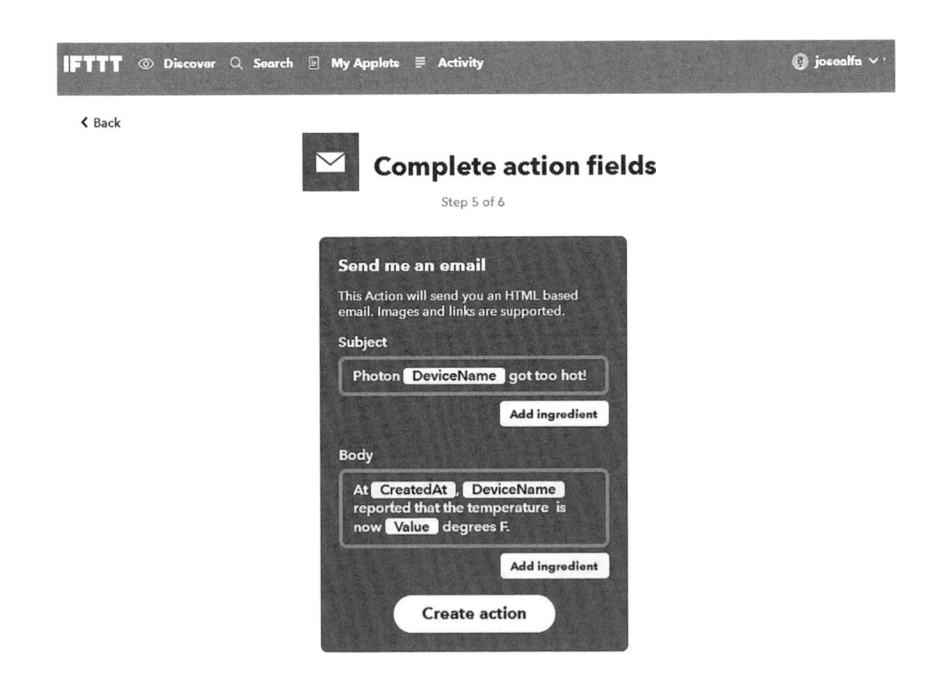

Figura 6-9 >> Os campos preenchidos da ação de enviar e-mail*.

---

*N. de T.: Se desejável, poderíamos ter preenchido os campos em português, resultando em "O Photon (*DeviceName*) esquentou demais!" no campo Subject e "Às (*CreatedAt*), (*DeviceName*) reportou que a temperatura (*Variable*) é agora (*Value*) graus F" no campo Body.

campo, as variáveis daquele campo se convertem em um texto realçado para destacá-las como variáveis.

Clique no botão "CREATE ACTION" (Criar Ação) e você chegará à última janela, que pede para você "REVIEW AND FINISH" (Revisar e Finalizar) o *applet* (Figura 6-10). Se você quiser modificar alguma coisa, você deverá retroceder clicando em BACK (para trás) até chegar à tela em que a modificação poderá ser feita. Se tudo estiver correto, clique em FINISH para fazer a finalização. Agora o *applet* da receita passa a existir de forma ativa! O serviço IFTTT garante que as verificações do estado de uma Variável são feitas com intervalos de 15 minutos. Desse modo você não receberá imediatamente um e-mail e você não será inundado com e-mails a todo instante.

Se seu sensor não estiver suficientemente aquecido para conseguir disparar o envio de um e-mail, você poderá aquecê-lo, para mais de 70ºF (21,1ºC), segurando-o entre as pontas de dois dedos. Você também poderá encostá-lo em uma xícara aquecida de café (que pode ser bebido enquanto você espera pelo e-mail).

Depois de algum tempo, você deverá receber um e-mail como o mostrado na Figura 6-11. Confira com a Figura 6-9.

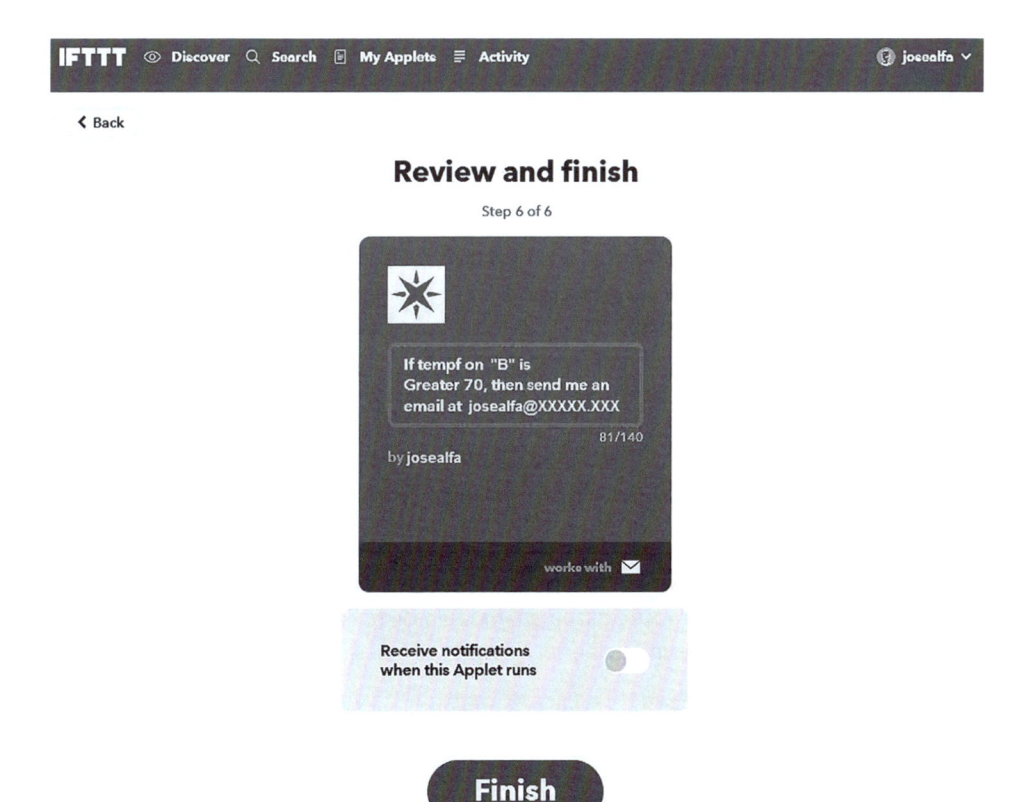

Figura 6-10 >> Criando e ativando a nova receita.

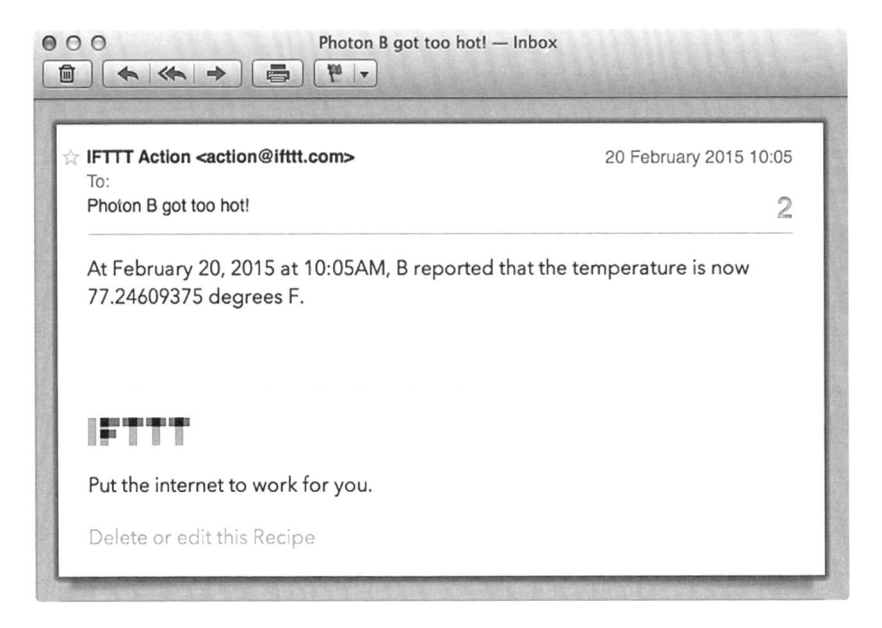

Figura 6-11 >> Uma notificação de e-mail enviada pelo serviço IFTTT.

Naturalmente, há outras ações diferentes que poderiam ter sido disparadas. Assim, você pode modificar a parte de "ACTION" (Ação) do *applet* para, digamos, enviar um Tweet ou uma atualização de Facebook.

No próximo projeto, em vez de seu Photon servir como sensor para algum gatilho que dispara um *applet*, você aprenderá a usá-lo combinado com IFTTT para funcionar como atuador.

>> Projeto 12. Acionando uma Campainha a partir de Tweets

Este projeto contém hardware e software que você já usou em um projeto anterior. Neste caso, trata-se do Projeto 7, no qual você utilizou um módulo de relés e conectou uma campainha elétrica a um dos relés. Isso permitiu que você a ligasse e a desligasse pela Internet.

Aqui, o serviço IFTTT será usado para fazer a campainha soar sempre que alguém mencionar seu nome em um Tweet.

A campainha usada no Projeto 7 era bem barulhenta. Neste projeto, em vez de deixá-la soando durante um período muito longo, ela soará apenas durante uma fração de segundo – apenas o suficiente para alertá-lo sem deixá-lo enlouquecido.

Naturalmente, se você desejar algo mais silencioso, você poderá substituir a campainha por uma lâmpada ou algum outro dispositivo silencioso.

» Software

O programa para o Photon é similar ao do Projeto 7. Você poderá retornar ao Projeto 7 e fazer uma revisão da descrição completa do código. O código está disponível no arquivo *p_12_tweet_bell* na biblioteca de exemplos *PHOTON_BOOK*.

O programa continua sendo de uso genérico, permitindo que você controle qualquer um dos quatro relés. Entretanto, o nome da Função de nuvem foi mudado para `relaycontrol` (controle de relé) e foi acrescentada uma opção extra para especificar a duração do tempo de ativação do relé. Isso permitirá que o período em que a campainha estará soando seja curto o suficiente para alertá-lo do Tweet.

A sintaxe do comando continua compatível com o antigo comando de relé. Assim, você ainda pode usar o comando 31 para ativar o relé 3 e 30 para desativá-lo, no qual o primeiro caractere indica o número do relé (no caso, 3) e o segundo caractere (1 ou 0) indica se o relé deve ser ativado ou desativado. Entretanto, agora é possível um novo comando. É o comando P (de pulso). Se o segundo caractere é P, em vez de 1 ou 0, isso indica que vem em seguida outro parâmetro para definir durante quanto tempo (milissegundos) o relé deve permanecer ativado. Por exemplo, 3P-1000 fará o relé 3 ficar ativado durante 1000 ms (ou um segundo).

O código para a função `relaySwitcher` que implementa o comando descrito no parágrafo anterior está listado aqui:

```
int relaySwitcher(String command) {
    // "11", "10", "1P-1000" - P para duração do pulso em
    // milissegundos
    int relayNumber = command.charAt(0) - '0';
    char action = command.charAt(1);
    if (action == '1') {
        digitalWrite(relayPins[relayNumber-1], HIGH);
    }
    else if (action == '0') {
        digitalWrite(relayPins[relayNumber-1], LOW);
    }
    else if (action == 'P' || action == 'p') {
        int duration = command.substring(3).toInt();
        digitalWrite(relayPins[relayNumber-1], HIGH);
        delay(duration);
        digitalWrite(relayPins[relayNumber-1], LOW);
    }
    return 1;
}
```

A nova parte da função (o último `else if`) primeiro verifica se a ação é P ou p e, a seguir, usa a substring que vai da posição 3 até o final de `command` para converter seu tipo de `string` para `int` usando `toInt`.

Ativar o relé durante o tempo correto é, então, apenas uma questão de colocar em nível alto (`HIGH`) o pino apropriado de relé, esperar o número necessário de milissegundos e voltar a colocar o pino em nível baixo (`LOW`).

Transfira e grave (FLASH) o programa em seu Photon para que possamos escrever um novo *applet* no serviço IFTTT.

>> IFTTT

Faça login em sua conta no IFTTT e, quando estiver escolhendo um serviço de gatilho, escolha Twitter. Em seguida, conecte-se. Se é a primeira vez que você está usando o Twitter a partir do IFTTT, ele pedirá autorização para usar e monitorar sua conta no Twitter. Há poucas opções de gatilho dentro do Twitter. A que eu escolhi foi "NEW MENTION OF YOU" ("Nova Menção de Você").

Escolha "NEW MENTION OF YOU" e a próxima tela dirá que não há campos a serem preenchidos. Portanto, simplesmente clique em "CREATE TRIGGER" (Criar Gatilho). Agora, você poderá passar à parte "*that*" do *applet* da receita.

Clique no ícone PARTICLE na tela dos Serviços de Ação possíveis e aparecerão as opções mostradas na Figura 6-12.

Escolha a opção "CALL A FUNCTION" ("Chamar uma função") e aparecerá a janela "COMPLETE ACTION FIELDS" ("Preencher os campos de ação"). No campo "THEN CALL (FUNCTION NAME)" – "Então chame (Nome de função)" –, selecione "`relaycontrol on C`". No exemplo

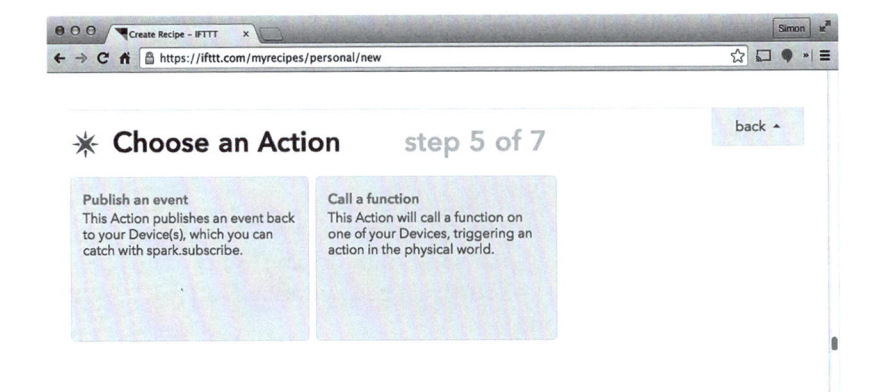

Figura 6-12 >> Escolhendo uma ação.

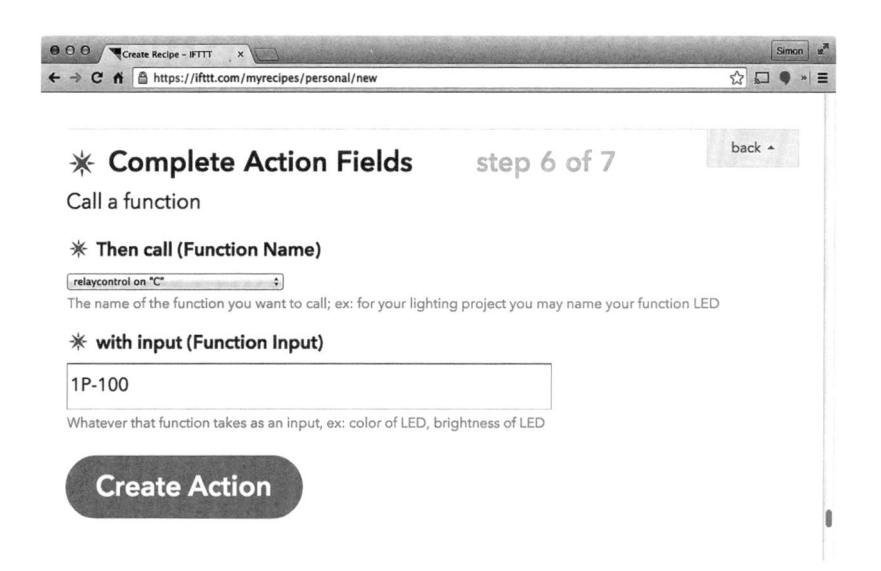

Figura 6-13 >> Configurando uma ação.

mostrado na Figura 6-13, o Photon utilizado é o C. No seu caso, aparecerá o nome de seu próprio Photon. No campo "WITH INPUT" ("Com entrada") coloque o texto "1P-100" (Figura 6-13). Portanto, trata-se do relé 1 com uma ativação durando 100 milissegundos.

Clique em "CREATE ACTION" ("Criar Ação") e você chegará à janela de "REVIEW AND FINISH" ("Revisar e Finalizar") o *applet*. Se tudo estiver correto, clique em FINISH para fazer a finalização.

É isso. O código está pronto. Agora precisamos fazer a montagem do hardware.

>> Hardware

O hardware deste projeto é o mesmo do Projeto 6 (veja a Figura 6-14). Se você ainda não construiu o Projeto 6, você poderá voltar ao Capítulo 5 e construí-lo agora.

>> Usando o Projeto

Para testar o projeto, você precisa se mencionar em um Tweet ou pedir a alguém para fazê-lo. Quando o IFTTT tomar conhecimento disso e chamar a Função relaycontrol, a campainha irá soar. Você pode ajustar a duração editando os campos de ação no respectivo *applet* no serviço IFTTT.

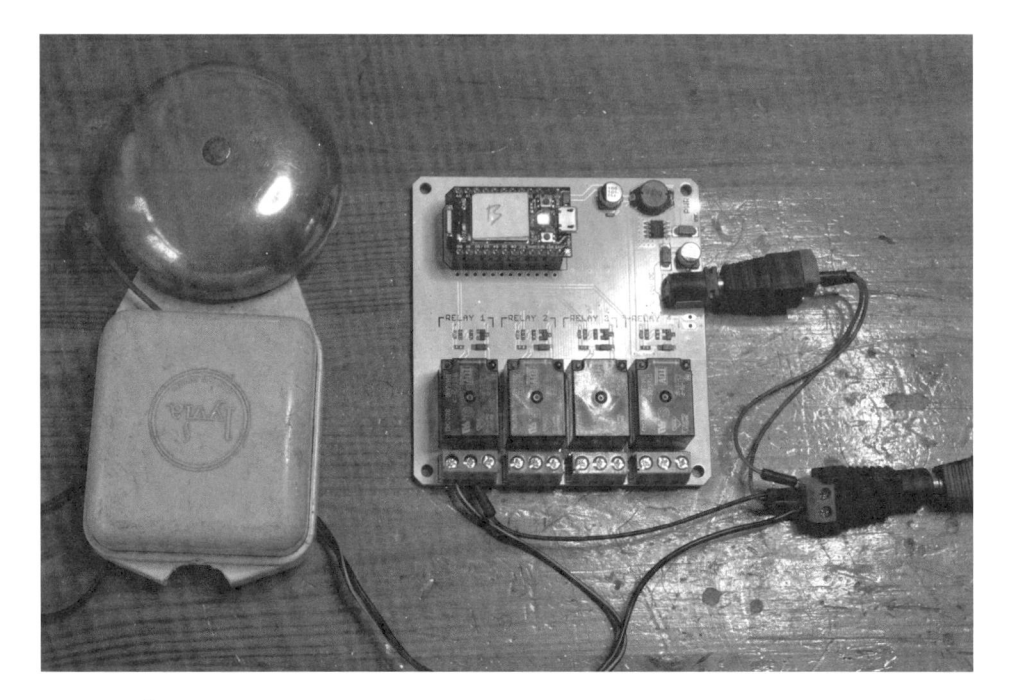

Figura 6-14 >> O hardware do Projeto 6.

Observe que o IFTTT garante a verificação dos disparos de gatilho a cada 15 minutos. É possível que você tenha que esperar alguns minutos antes que possa saber se o projeto está funcionando.

Uma alternativa para alertá-lo, quando seu nome fosse mencionado, seria usar uma *hashtag* (#) específica. Poderia também escolher um outro tipo de gatilho, como o envio de um e-mail usando o gatilho "Email", ou simplesmente em uma determinada data e horário usando o gatilho "Date & Time".

>> Projeto 13. Transmitindo E-mails em Código Morse Luminoso

O último exemplo de projeto com IFTTT usa o transmissor de mensagens de texto em código Morse do Projeto 8 e o conecta ao serviço IFTTT. Quando você enviar um e-mail ao IFTTT, o assunto desse e-mail será transmitido em código Morse.

>> Software

O código que será executado no Photon é exatamente o mesmo do Projeto 8. Simplesmente grave (FLASH) em seu Photon o programa *p_08_Morse_Function* disponível na biblioteca *PHOTON_BOOK*.

>> Hardware

O hardware do projeto também é exatamente o mesmo do Projeto 8. O software fará piscar o LED do Photon ligado ao pino D7. Desse modo, se você não quiser usar um LED externo ou um buzzer, basta usar apenas o Photon.

Se você decidir usar um LED externo ou um buzzer, siga as instruções do Projeto 8 no Capítulo 5.

>> IFTTT

Quando criar o *applet* deste projeto, escolha "EMAIL" como gatilho. No serviço IFTTT, o gatilho "EMAIL" significa e-mails que são enviados ou recebidos pelo servidor de e-mails do IFTTT. Neste caso, escolha o gatilho "SEND IFTTT ANY EMAIL" ("Enviar ao IFTTT qualquer e-mail"). Não há campos para preencher. Portanto, na próxima tela clique em "CREATE TRIGGER" ("Criar gatilho").

A ação é mais interessante. Selecione "PARTICLE" como serviço de ação e, em seguida, a ação "CALL A FUNCTION" ("Chamar uma Função").

No campo "THEN CALL (FUNCTION NAME)" – "Então chame (Nome de função)" – escolha a Função `morse` para o Photon no qual você acabou de gravar (FLASH) o programa. No exemplo mostrado na figura, o Photon é `A`.

Agora, você precisa de um modo para passar o assunto (Subject) do e-mail para a Função `morse`. Para isso, utilize um dos ingredientes oferecidos pelo IFTTT. Apague os conteúdos do campo WITH INPUT (FUNCTION INPUT) – "Com entrada (Entrada de função)" – e clique no botão ADD INGREDIENT ("Acrescente ingrediente"). Aparecerá uma lista de opções, como na Figura 6-15. Escolha o ingrediente "SUBJECT" ("Assunto").

Isso fará o texto ser inserido no campo. Clique em "CREATE ACTION" ("Criar Ação") e você chegará à janela de "REVIEW AND FINISH" ("Revisar e Finalizar") o *applet*. Se tudo estiver correto, clique em FINISH para fazer a finalização.

Figura 6-15 >> Selecionando o ingrediente SUBJECT para seu applet.

Usando o Projeto

Para testar o projeto, envie um e-mail para *trigger@applet.ifttt.com*. Na linha de assunto (Subject) deverá estar o texto que deverá ser transmitido em código Morse na forma de pulsos luminosos e bipes sonoros pelo Photon. O e-mail deve ser enviado usando a conta de e-mail que você registrou no serviço IFTTT.

>> Resumo

No próximo capítulo, você aprenderá a usar o Photon para criar um pequeno robô explorador que é controlado a partir de uma página de web e que também mostra a tensão da bateria e a distância até qualquer obstáculo que esteja à sua frente.

CAPÍTULO 7

Robótica

O pequeno tamanho do Photon e sua capacidade de conexão sem fio fazem dele uma ótima opção para projetos de robótica. Neste capítulo, você aprenderá a utilizar um Photon com um shield PhoBot para controlar um pequeno robô explorador. O robô também está equipado com um sensor de distância ultrassônico para evitar que ele colida com obstáculos.

OBJETIVOS DE APRENDIZAGEM

- » Conhecer como funciona um sensor ultrassônico para medir distância.
- » Conhecer como funciona uma placa controladora de motores para operar acoplada a um Photon.
- » Construir um robô explorador de terreno controlado a partir de um navegador de web.

Projeto 14. Robô Controlado pela Web

Este projeto usa uma placa controladora de robô denominada PhoBot fabricada pela empresa MonkMakes. Pelo nome da empresa, você já deduziu que eu tenho alguma coisa a ver com esse produto, que pode ser adquirido de diversos fornecedores (veja Apêndice A).

A placa deve ser combinada com um kit de chassis que fornece a base e as engrenagens para acionar o robô, além das rodas e de um suporte de pilhas.

A Figura 7-1 mostra o robô concluído e a Figura 7-2 mostra a página de web para controlá-lo e fornecer feedback sobre o estado das pilhas e a que distância ele se encontra de algum obstáculo que esteja à sua frente.

Componentes

Para construir esse projeto, você precisará das partes listadas na Tabela 7-1, além de seu Photon.

Figura 7-1 >> Um robô explorador com Photon.

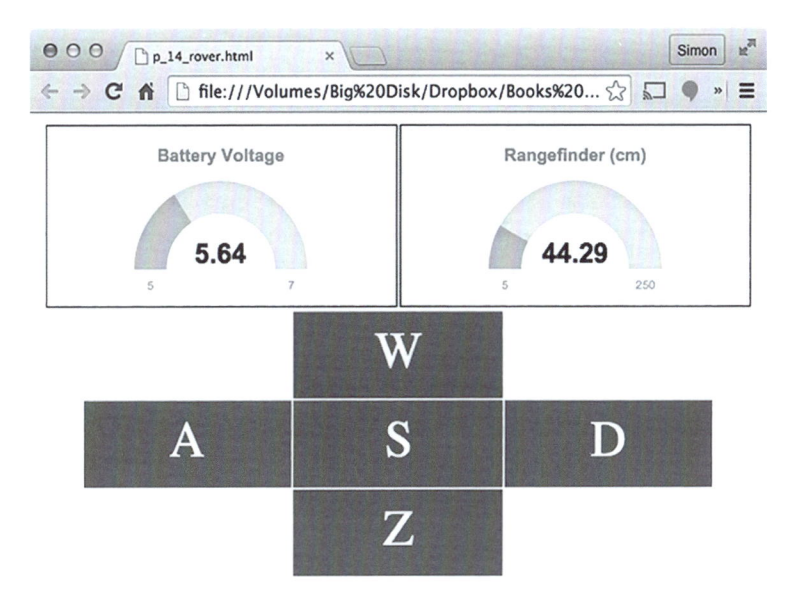

Figura 7-2 >> Uma página de web para controlar o robô explorador.

Tabela 7-1 >> **Lista de componentes para o Projeto 14**

Componente	Descrição	Código no Apêndice A
Shield PhoBot	Shield PhoBot controlador de robô	M2
Sensor ultrassônico	Sensor de distância ultrassônico HC-SR04	M3
Kit de chassis	Kit de chassis de robô explorador (6V)	H6
Fios para ligação	Fios para conectar os motores ao shield PhoBot	H3

Existe à venda muitos chassis para robô de baixo custo e a maioria funcionará com o PhoBot. Procure um kit com motores de 6V e suporte para 4 pilhas AA. Motores de tensão menor também funcionarão.

Você precisará soldar fios de ligação nos motores no caso de eles não tiverem vindo junto. Neste caso, os fios de cada terminal do motor deverão ter cerca de 15 cm.

>> Software (Photon)

É uma boa ideia gravar (FLASH) o programa deste projeto em seu Photon antes de fazer qualquer conexão elétrica com os motores. Se, por acaso, você utilizasse alguns pinos de saída que já tivessem sido usados em algum projeto anterior, poderia acontecer de o robô sair correndo rapidamente sobre uma mesa até despencar de cima dela.

O programa deste projeto está disponível na biblioteca PhoBot, que oferece aplicativos para facilitar o uso do shield PhoBot. Localize a biblioteca PhoBot entrando com esse nome no campo de busca de COMMUNITY LIBRARIES (Bibliotecas da comunidade) no Web IDE.

Depois de fazer isso, você verá os arquivos da biblioteca. Escolha o exemplo WebRover.cpp e, em seguida, clique no botão USE THIS EXAMPLE (Usar este exemplo). Isso criará uma cópia do programa que você poderá usar para programar o Photon, mas que poderá ser alterada se você desejar fazer alguma pequena modificação.

Antes que o programa WebRover possa ser gravado (FLASH) em seu Photon, você precisará localizar as bibliotecas PhoBot e HC_SR04*, usadas pelo shield e pelo sensor ultrassônico. Para importar essas bibliotecas e usá-las no exemplo WebRover, você deverá procurar cada uma delas no campo de busca de "COMMUNITY LIBRARIES" e, em seguida, na próxima tela, clicar no botão INCLUDE IN PROJECT (Incluir no projeto). É possível que o Web IDE peça confirmação. Se for o caso, siga as instruções de tela. Repita esse procedimento para cada biblioteca. Cada vez que você fizer isso, um novo comando `#include` será inserido no topo do programa.

As bibliotecas se encarregam da maior parte do código necessário à operação do robô. A seguir, vemos a listagem do programa WebRover:

```
#include "HC_SR04/HC_SR04.h"
#include "PhoBot/PhoBot.h"

double volts = 0.0;
double distance = 0.0;

PhoBot p = PhoBot();
HC_SR04 rangefinder = HC_SR04(p.trigPin, p.echoPin);

void setup() {
    Spark.function("control", control);
    Spark.variable("volts", &volts, DOUBLE);
    Spark.variable("distance", &distance, DOUBLE);
}

void loop() {
    volts = p.batteryVolts();
    distance = rangefinder.getDistanceCM();
}

int control(String command) {
    return p.control(command);
```

Para tornar a leitura da listagem mais clara, os comentários foram retirados (mesmo alguns que aparecem automaticamente quando se inclui uma biblioteca).

---

*N. de T.: Atenção! Não confundir HC_SR04 com HC-SR04.

Esse programa usa duas Variáveis: `volts`, que contém a tensão das pilhas, e `distance`, que contém a última medida realizada pelo sensor ultrassônico em centímetros.

Após a declaração das duas variáveis do tipo `double`, o shield PhoBot e o sensor ultrassônico de distância são inicializados e atribuídos às variáveis `p` e `rangefinder` (medidor de distância), respectivamente. Quando o sensor ultrassônico é inicializado, os pinos que serão usados vêm da biblioteca PhoBot como `p.trigPin` e `p.echoPin` (veja a explicação seguinte).

SENSORES ULTRASSÔNICOS PARA MEDIÇÃO DE DISTÂNCIA

Os sensores ultrassônicos para medição de distância funcionam medindo o tempo necessário para um pulso de ultrassom ser emitido, ser refletido em uma superfície e retornar ao sensor (Figura 7-3). Usando a velocidade do som, a distância pode ser calculada.

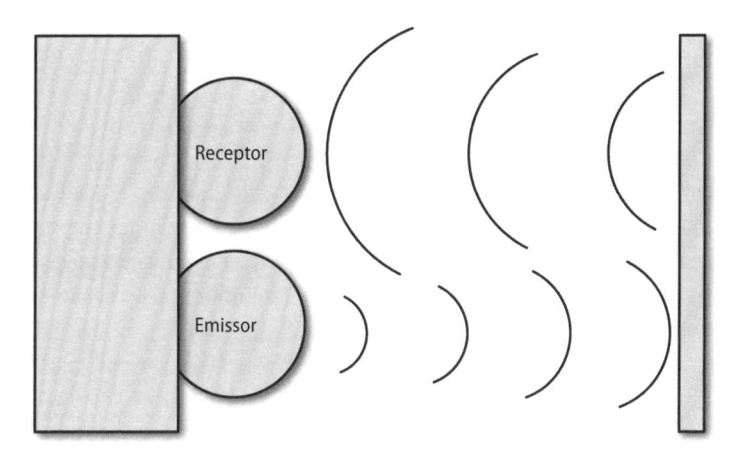

Figura 7-3 >> Como funciona um sensor ultrassônico para medição de distância.

O módulo HC-SR04, usado para esse fim, tem pinos de alimentação elétrica e dois pinos adicionais, *Trigger* (gatilho) e *Echo* (eco). Quando o pino *Trigger* é colocado em nível alto (HIGH) durante uma fração de segundo, o módulo emite um pulso de ultrassom. Quando aquele pulso retorna, o pino *Echo* indicará esse retorno.*

---

*N. de T.: Esse retorno é indicado com um pulso no pino Echo cuja duração é o tempo decorrido entre a emissão do pulso de ultrassom e sua recepção. Usando esse tempo e a velocidade do som, pode-se calcular a distância procurada.

A função `setup` define uma Função denominada `control`. Essa função usa comandos de alto nível como `F-100`. A primeira letra especifica em que sentido o robô deve se deslocar: F (forward) = para frente, B (backward) = para trás, L (left) = para a esquerda, R (right) = para a direita. O parâmetro após o hífen é a velocidade, em que 100 é velocidade máxima, 50 é meia velocidade, etc. O comando S (stop) sem parâmetro faz o robô parar.

Em `setup` temos ainda a definição de mais duas Variáveis: `volts` e `distance`.

A função `loop` atualiza essas variáveis com os valores correntes da tensão das pilhas e a distância até um obstáculo.

Quando a Função de nuvem de nome `control` é ativada, a função em C de mesmo nome `control` é chamada para repassar qualquer comando recebido à função `p.control` dentro da biblioteca PhoBot.

Algo que pode ser mencionado aqui é que, se o chassis de seu robô tiver motores de uma tensão menor que a das pilhas (digamos, 3V), você poderá fazer uma alteração no código para fazer uma compensação. Substitua a seguinte linha de código:

```
PhoBot p = PhoBot();
```

por

```
PhoBot p = PhoBot(6.0, 3.0);
```

O primeiro parâmetro (6.0) é a tensão das pilhas. Esse valor não precisa ser exato. Se você usar quatro pilhas AA, adote o valor 6.0. O segundo parâmetro é a tensão de trabalho do motor. Se você tiver motores de 3V, adote o valor 3.0. Se você não tiver certeza da tensão dos motores, comece adotando o valor de 3V. Você poderá aumentar esse valor se os motores girarem muito devagar.

Antes de fazer as ligações entre o Photon e o hardware com as pilhas, grave (FLASH) o aplicativo WebRover no Photon, que durante a gravação será energizado pelo cabo USB.

» Software (Página da Web)

A página de web deste projeto usa uma combinação de técnicas que você já viu em projetos anteriores e é longa demais para ser listada aqui, mas você poderá abrir o arquivo *p_14_Rover.html* em um editor de texto e ver a listagem na tela.

Este projeto usa três URLs para as duas Variáveis e a Função de controle:

```
var accessToken = "cb8b348000e9d0ea9e354990bbd39ccbfb57b30e";
var deviceID = "55ff6b065075555322151487"
var volts_url = "https://api.spark.io/v1/devices/"
                + deviceID + "/volts";
```

```
var distance_url = "https://api.spark.io/v1/devices/"
                + deviceID + "/distance";
var control_url = "https://api.spark.io/v1/devices/"
                + deviceID + "/control";
```

Lembre-se de atualizar o `accessToken` e o `deviceID` de acordo com sua própria conta.

Como agora há duas Variáveis para serem exibidas nos medidores, também há respectivamente duas funções `callback` para atualizar as medidas de tensão das pilhas e de distância: `callbackVolts` e `callbackDistance`. Ambas são muito similares às usadas em exemplos anteriores. A função para a tensão das pilhas termina sua execução deixando programada uma nova leitura a ser feita em 10 segundos. Esse valor é maior do que 1 segundo, como usamos no sensor ultrassônico, porque a tensão das pilhas se modifica muito mais lentamente.

A página de web (veja Figura 7-2) tem botões para controlar a direção, mas também faz o mapeamento entre as teclas pressionadas no teclado e os comandos de direção que devem ser enviados. A seguinte linha é responsável pela interceptação das teclas apertadas por você e a chamada da função `keyPress` (aperto de tecla) sempre que uma tecla é pressionada:

```
$(document).keypress(keyPress);
```

A função `keyPress` está listada a seguir:

```
function keyPress(event){
    code = event.keyCode;
    if (code == 119) {
        sendControl('F-100');
    }
    else if (code == 97) {
        sendControl('L-50');
    }
    else if (code == 115) {
        sendControl('S');
    }
    else if (code == 100) {
        sendControl('R-50');
    }
    else if (code == 122) {
        sendControl('B-75');
    }
}
```

Num teclado, cada tecla corresponde a um valor numérico conforme o código ASCII. Se você pesquisar na Internet, você encontrará informações sobre o código ASCII para letras. Neste caso, *w* é 119, *a* é 97, *s* é 115, *d* é 100 e *z* é 122. Quando uma tecla em particular é pressionada, o comando apropriado é enviado ao Photon.

Uma característica do código responsável pelo medidor da tensão das pilhas é que o medidor deverá se tornar vermelho quando as pilhas perderem a carga. Isso é obtido usando uma lista de cores associada ao medidor. As três cores são vermelho, laranja e verde, representadas na forma de strings em formato hexadecimal (#).

```
var volts_gauge = new JustGage({
    id: "voltsGauge",
    value: 0,
    min: 4,
    max: 7,
    levelColors: ["#FF0000", "#FFFF00", "#00FF00"],
    title: "Battery Voltage"
});
```

» Hardware

Antes de conectar os circuitos eletrônicos, você deverá fazer a montagem do chassis do robô. A maioria dos kits apresenta os seguintes itens:

- Uma base de acrílico cortada a laser para robô
- Dois motores com caixa de redução (idealmente 6V)
- Duas rodas que se encaixam nos eixos dos motores
- Um suporte para quatro a seis pilhas AA
- Uma roda "boba" ou universal para ser fixada em uma das extremidade do chassis*

Antes de montar o chassis, você talvez tenha que soldar fios nos motores, com comprimento suficiente para alcançarem os terminais de parafuso da placa PhoBot.

Quando terminar a montagem, estude onde colocar cada componente sobre o chassis. A parte mais pesada do robô será o suporte contendo as pilhas. Portanto, assegure-se de que o suporte esteja posicionado dentro do triângulo formado pela roda "boba" e as duas rodas de tração. Se não for assim, o robô poderá virar.

Para que o sensor ultrassônico possa detectar livremente os obstáculos, lembre-se de que não deve haver nada na frente dele. Se você tiver sorte, o chassis virá com orifícios em lugares adequados, permitindo que você parafuse facilmente o suporte das pilhas e o shield PhoBot. Caso contrário, use fita dupla-face ou Velcro autoadesivo.

---

*N. de T.: A roda "boba" dá estabilidade ao chassis, não tendo função mecânica de tração ou direção. Ela é instalada na extremidade oposta à que contém as rodas motoras de modo que seja formado um triângulo estável de apoio.

A Figura 7-4 mostra a vista superior do robô já montado. O sensor ultrassônico foi removido temporariamente para que você possa ver os terminais de parafuso.

O suporte das pilhas deve ter um fio vermelho (+) e um preto (–). O fio vermelho é conectado ao terminal de parafuso de 6V e o fio preto, ao terminal de parafuso GND.

O shield PhoBot pode controlar até quatro motores, mas apenas os pares de terminais de parafuso M3 e M4 permitem dois modos de operação (fazendo o motor girar no sentido horário ou no sentido anti-horário). Por essa razão, usaremos esses pares em vez de M1 e M2.

Passe os fios dos motores através de um orifício conveniente na base do chassis. Conecte os fios do motor esquerdo ao par de terminais M4 e os fios do motor direito, ao par de terminais M3.

É possível que você só tenha certeza de ter ligado corretamente esses fios após ver os motores funcionando. Se você inverter as ligações dos fios de um motor, ele girará em sentido contrário.

Agora você pode encaixar o Photon e o sensor ultrassônico no shield PhoBot. Assegure-se de que ambos estejam com a orientação correta. Você também pode colocar as pilhas no suporte.

Figura 7-4 >> O PhoBot já montado com o sensor removido.

Se o suporte de pilhas não dispõe de uma chave, tire uma das pilhas para interromper o circuito do motor.

» Usando o Projeto

Como vimos antes, é possível que você tenha que inverter alguns dos fios dos motores. Para isso, é bom retirar as rodas dos eixos dos motores de tração. Dessa forma, você poderá assentar o robô em alguma superfície à sua frente sem recear que ele saia correndo de forma desgovernada.

Abra o arquivo *p_14_rover.html* no seu navegador de web e aperte o botão ou a tecla W e observe como os eixos dos motores se comportarão. Esses eixos deverão estar girando de tal forma que o robô vá para a frente. Uma das seguintes situações ocorrerá:

- Ambos os eixos estão girando corretamente. Viva, você terminou!
- Um dos motores está girando no sentido errado. Nesse caso, inverta os fios do motor.
- Os dois motores estão girando no sentido errado. Inverta os fios de ambos os motores.

Agora pressione o botão A ou a tecla A no seu teclado e observe o que os motores farão. Se você executou o passo anterior corretamente, os motores estarão girando em sentidos opostos. A questão é se isso faz o robô girar para a esquerda (anti-horário) ou para a direita (horário). Se a resposta é sentido anti-horário, para a esquerda, então está correto. Em caso contrário, você deverá trocar os fios do motor que estão conectados a M3 com os fios que estão ligados a M4 e vice-versa. Ao fazer essa troca, mantenha a mesma ordem de conexão dos fios nos terminais (por exemplo, vermelho à esquerda e preto à direita).

O robô consome muita energia. Quando ele não estiver em uso, tire uma das pilhas para desligá-lo.

Se você usar pilhas recarregáveis, lembre-se que elas operam com tensão menor do que as pilhas AA (em geral, 1,2V em vez de 1,5V). Se a tensão das pilhas baixar demais, o Photon deixará de funcionar e você perderá o controle dos motores. Você poderá aumentar o tempo entre as recargas das pilhas se usar um suporte com cinco ou seis pilhas recarregáveis. Quatro pilhas comuns AA podem proporcionar cerca de duas horas de operação.

Um bom aperfeiçoamento no programa seria monitorar a tensão das pilhas e automaticamente parar o robô quando a tensão das pilhas baixasse demais.

>> Resumo

Um robô explorador de terreno como esse serve de base para uma série de projetos interessantes. Você poderia, por exemplo, acrescentar uma webcam sem fio e transformá-lo em um robô de vigilância.

No Capítulo 8, você conhecerá um poderoso recurso da Particle, denominado *publish/subscribe*, e aprenderá a usá-lo quando fizer dois ou mais Photons se comunicarem entre si.

CAPÍTULO 8

Comunicação Máquina–Máquina

A maioria dos projetos deste livro baseia-se no Photon. Ele que pode atuar de forma completamente autônoma (depois de programado) ou ser controlado a partir de um navegador de web ou de algum tipo de interface de usuário através da Internet. Neste capítulo, você aprenderá a fazer um Photon "falar" com outros Photons.

OBJETIVOS DE APRENDIZAGEM

- » Conhecer os recursos de Publish e Subscribe do serviço de nuvem IoT da Particle.
- » Analisar um exemplo de monitoramento de temperatura com Publish e Subscribe.
- » Desenvolver applets para o serviço IFTTT usando Publish e Subscribe.
- » Conhecer os recursos avançados de Publish e Subscribe.
- » Realizar um projeto utilizando Publish e Subscribe que envolve pessoas geograficamente distantes.

Comandos Publish e Subscribe

No capítulo anterior, quando você usou o serviço IFTTT para monitorar a temperatura, o serviço IFTTT verificava a Variável de temperatura no Photon a cada 15 minutos. A razão dessa limitação é que, se os gatilhos de todos os usuários estivessem sendo monitorados continuamente, poderiam ocorrer altas taxas de mensagens ou e-mails circulando na web. Esse tipo de monitoramento é denominado *polling* (como foi visto no Capítulo 5) e não é muito eficiente.

Nesse caso, uma alternativa ao *polling* seria o próprio Photon fazer a verificação da temperatura. Somente quando ocorresse uma temperatura excessiva é que o Photon iniciaria a comunicação "publicando (*publish*) a notícia" dessa ocorrência nos serviços de web, como IFTTT, ou em outros Photons. Essa notificação seria enviada a todos que anteriormente haviam demonstrado interesse nesse evento, fazendo o que denominaremos assinatura (*subscribe*). Após assinarem esse evento, eles passarão a receber notificações sempre que tal evento ocorrer.

Em outras palavras, um dispositivo ou serviço de web pode fazer a assinatura de um evento. Isso significa que podem registrar seu interesse nesse evento de modo que, quando tal evento for publicado, eles serão notificados. Isso é muito mais eficiente do que fazer *polling* continuamente. Significa também que, como no caso do serviço IFTTT, não é necessário aguardar 15 minutos para receber uma notificação.

Exemplo de Monitoramento de Temperatura

Se você construiu os Projetos 10 e 12 e dispõe de dois Photons, então você poderá montar este projeto usando exatamente o mesmo hardware daqueles dois projetos. Você precisará apenas gravar (FLASH) o novo software nos Photons.

A Figura 8-1 mostra como o modelo de *publish/subscribe* (publicar/assinar) pode ser utilizado para criar uma rede de Photons, todos se comunicando entre si.

Nesse caso, há um Photon (A) com um termômetro e dois Photons (B e C) com campainhas elétricas. A ideia é que essas campainhas irão soar sempre que o Photon A publicar o evento `toohot` (quente demais). Anteriormente, os Photons B e C registraram seu interesse na notificação `toohot` quando fizeram a assinatura desse evento (em suas funções `setups`). Uma vez feito isso, o serviço de nuvem Particle sabe que, quando o Photon A publicar que está quente demais (`toohot`), os Photons B e C precisarão ser notificados.

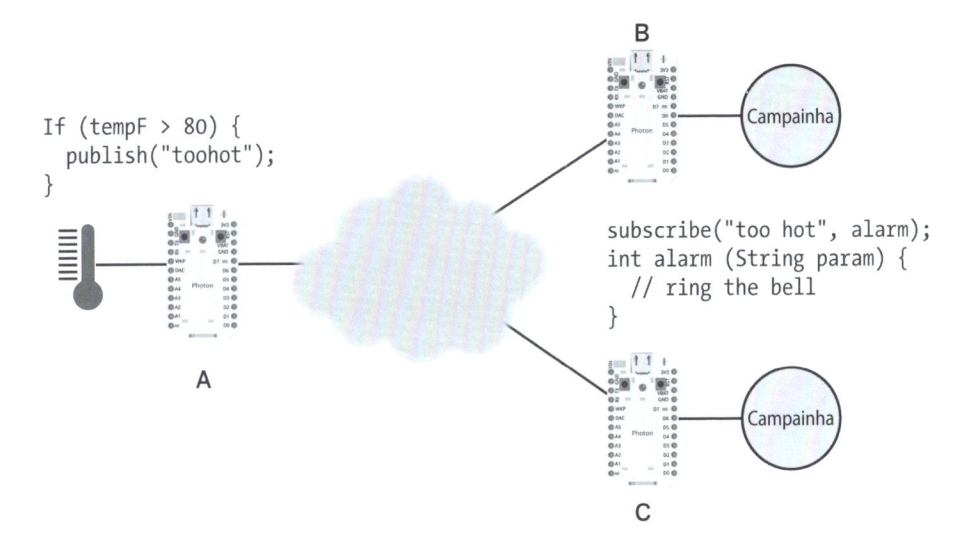

Figura 8-1 >> Publish e subscribe.

O programa do Photon A é semelhante ao código seguinte. Este código ainda está com algumas falhas que serão acertadas mais tarde. Por enquanto, não faça sua gravação (FLASH) no hardware do Projeto 10. Espere até corrigirmos a questão do *publishing* excessivo que veremos em breve.

```
#include "spark-dallas-temperature/
spark-dallas-temperature.h"
#include "OneWire/OneWire.h"

int tempSensorPin = D2;
OneWire oneWire(tempSensorPin);
DallasTemperature sensors(&oneWire);

void setup() {
    sensors.begin();
}

void loop() {
    sensors.requestTemperatures();
    float tempC = sensors.getTempCByIndex(0);
    float tempF = tempC * 9.0 / 5.0 + 32.0;
    if (tempF > 80.0) {
        Spark.publish("toohot");
    }
}
```

A maior parte do código trata da medição de temperatura.* Consulte o Projeto 10 para obter mais informação a respeito desse tópico. O último comando de `loop` que contém a chamada `Spark.publish("toohot")` mostra como é fácil publicar o evento `toohot`.

O código para o Photon B (com o hardware para o relé e a campainha elétrica) está mostrado a seguir:

```
int relayPin = D0;
void setup() {
    pinMode(relayPin, OUTPUT);
    Spark.subscribe("toohot", soundAlarm);
}

void loop() {
}

void soundAlarm(const char *event, const char *data) {
    digitalWrite(relayPin, HIGH);
    delay(200);
    digitalWrite(relayPin, LOW);
}
```

A função `setup` contém o comando `Spark.subscribe("toohot", soundAlarm)` para fazer a assinatura do evento `toohot` e especifica que a função `soundAlarm` (Alarme sonoro) deverá ser chamada quando o evento ocorrer. Você observará que a função `soundAlarm` tem alguns parâmetros estranhos. Mais adiante veremos como funcionam.

Embora os dois programas já funcionem, há (como mencionei antes) uma pequena falha no primeiro programa. A temperatura é verificada na função `loop` e, enquanto a temperatura for superior a 80 (na escala Fahrenheit), o evento será publicado a cada repetição do `loop`. Assim, o Photon A permanecerá publicando o evento `toohot`, na velocidade de repetição do `loop`, enquanto a temperatura for superior a 80. Em termos de uso da Internet, isso não é uma programação eficiente. Seria melhor se usássemos dois eventos. Um evento seria publicado quando a temperatura ultrapassasse 80 e um segundo evento (`tempnormal`) seria publicado quando a temperatura caísse abaixo de, digamos, 78. A razão para um segundo limiar de temperatura de 78 em vez de 80 é que, se ambos os limiares de temperatura fossem 80, então quando a temperatura real estivesse oscilando em torno de 80 as leituras poderiam ficar se alternando rapidamente entre 79 e 80, causando uma enxurrada desses dois eventos.

O código modificado para a leitura de temperatura (Photon A) está listado a seguir:

```
#include "spark-dallas-temperature/spark-dallas-
temperature.h"
```

---

*N. de T.: No Projeto 11 o limiar de temperatura era 70 graus na escala Fahrenheit; aqui o limiar é 80 graus.

```
#include "OneWire/OneWire.h"

int tempSensorPin = D2;
OneWire oneWire(tempSensorPin);
DallasTemperature sensors(&oneWire);

boolean toohot = false;

void setup() {
    sensors.begin();
}

void loop() {
    sensors.requestTemperatures();
    float tempC = sensors.getTempCByIndex(0);
    float tempF = tempC * 9.0 / 5.0 + 32.0;
    if (tempF > 80.0 && toohot == false) {
        Spark.publish("toohot");
        toohot = true;
    }
    if (tempF < 78.0 && toohot == true) {
        Spark.publish("tempnormal");
        toohot = false;
    }
}
```

Uma nova variável booleana `toohot` (quente demais) foi acrescentada ao programa. Agora, após a leitura da temperatura, o evento `toohot` será publicado somente se o valor da variável `toohot` for `false` (falso) e a temperatura medida estiver acima de 80. A seguir, o valor `true` (verdadeiro) é atribuído à variável `toohot` para evitar novas publicações do evento `toohot` até que a temperatura tenha caído para menos de 78.

O segundo comando `if` se encarrega disso. Se a temperatura medida estiver abaixo de 78 e a variável `toohot` for `true`, então o evento `tempnormal` será publicado e o valor `false` será atribuído à variável `toohot`.

O código para acionar o relé (Photon B) também precisa ser modificado para incluir o novo evento (`tempnormal`):

```
int relayPin = D0;
void setup() {
    pinMode(relayPin, OUTPUT);
    Spark.subscribe("toohot", soundAlarm);
    Spark.subscribe("tempnormal", cancelAlarm);
}
```

```
void loop() {
}

void soundAlarm(const char *event, const char *data) {
    digitalWrite(relayPin, HIGH);
}

void cancelAlarm(const char *event, const char *data) {
    digitalWrite(relayPin, LOW);
}
```

Agora, a função `setup` faz a assinatura (subscribe) dos dois eventos, `toohot` e `tempnormal`. O evento `toohot` acionará a campainha e `tempnormal` irá desligá-la – bem o que queríamos.

Se você quiser experimentar esses programas, o código do termômetro está no arquivo *ch_08_Temp_monitor_Pub* e o código do relé está em *ch_08_Temp_monitor_Sub*. Eles poderão ser executados no hardware dos Projetos 10 e 12, respectivamente.

IFTTT e Publish/Subscribe

O serviço IFTTT é capaz de usar os recursos de Publish/Subscribe da nuvem Particle. Por exemplo, você poderia configurar uma ação em que um e-mail é enviado quando a temperatura torna-se excessiva não pelo monitoramento de uma Variável como fizemos no Projeto 10, mas com uma receita IFTTT que assinasse (subscribe) o evento `toohot`. Isso seria muito mais eficiente.

Crie um novo *applet* no IFTTT e então escolha Particle como a fonte do gatilho (trigger). Em vez de selecionar MONITOR A VARIABLE (Monitore uma Variável), escolha NEW EVENT PUBLISHED (Novo evento publicado) como gatilho (trigger). A Figura 8-2 mostra a página COMPLETE TRIGGER FIELDS (Preencher os campos de gatilho) com os campos preenchidos.

Especifique `toohot` como nome do evento (EVENT NAME) e deixe em branco o campo de conteúdo do evento (EVENT CONTENTS). Finalmente, escolha o Photon (no exemplo é o A) que enviará os eventos e clique em CREATE TRIGGER (Criar Gatilho).

Selecione EMAIL como serviço de ação e, em seguida, a ação SEND ME AN EMAIL (Envie-me um e-mail), como você fez no Projeto 11.

Quando o *applet* estiver concluído e ativado, você receberá um e-mail somente quando o evento for disparado a partir do Photon. Aperte o sensor de temperatura entre seus dedos para aquecê-lo e teste esse exemplo.

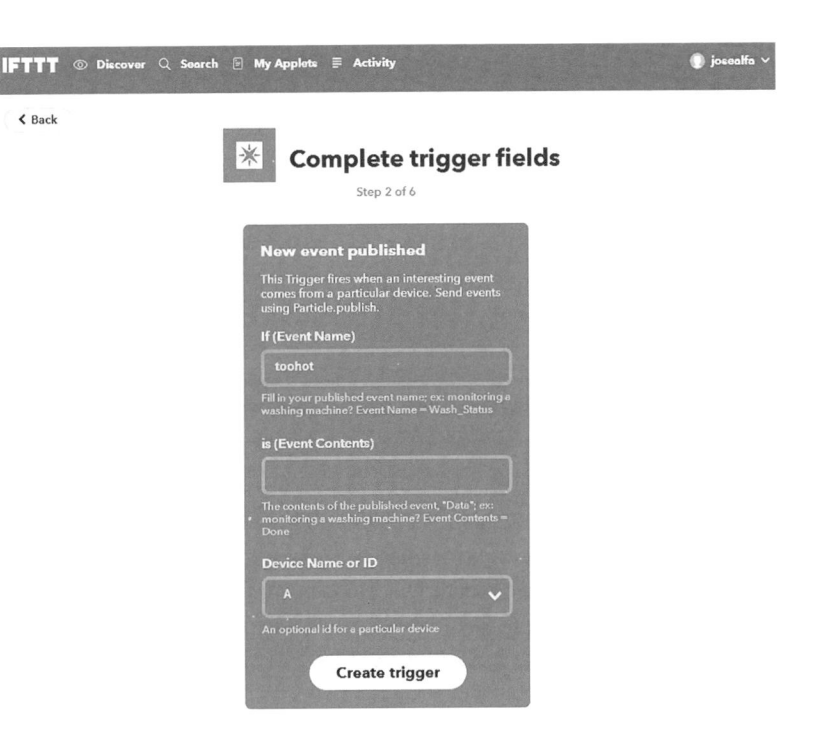

Figura 8-2 >> Configurando um gatilho para evento.

Publish/Subscribe Avançados

O exemplo anterior usa Publish/Subscribe em seu modo mais simples e, em muitas aplicações, isso é suficiente. Entretanto, a plataforma Particle para Publish/Subscribe oferece recursos mais avançados.

Comando Publish

Você pode consultar a documentação completa do comando `publish` em *http://docs.spark.io/firmware/#spark-publish*.

No exemplo anterior, o único parâmetro que fornecemos para `publish` foi o nome do evento. Na realidade, você pode fornecer também os seguintes parâmetros adicionais:

data
    Dados – Essa string poderia conter um valor para acompanhar o evento. Por exemplo, a temperatura real poderia ser enviada, mas primeiro deveria ser convertida para o formato de string.

time to live
>Tempo de vida – Esse valor especifica o número de segundos de validade do evento antes que seja automaticamente removido. Isso impede que eventos demais se acumulem no sistema. Na data em que este livro está sendo escrito, esse parâmetro não está sendo usado pela nuvem Particle. Os eventos são automaticamente descartados após um minuto.

public/private
>Público/Privado – O valor padrão é *public*, significando que qualquer um pode assinar esses eventos. Isso permite que projetos colaborativos interessantes possam ser desenvolvidos.

Comando Subscribe

O comando `subscribe` (Fazer uma assinatura) também pode ter um terceiro parâmetro que vem após o nome da função de manipulação do evento. Ele especifica a abrangência dos eventos que são assinados. Você pode usar esse parâmetro para que as assinaturas se limitem a eventos que se originam em um dado Photon, identificado pelo `deviceID`, como a seguir:

```
Spark.subscribe("toohot", soundAlarm,
                "55ff70064955534433943z2587");
```

Você pode limitar a assinatura a eventos que se originam em seus próprios dispositivos usando o terceiro parâmetro `MY_DEVICES` (Meus dispositivos):

```
Spark.subscribe("toohot", soundAlarm, MY_DEVICES);
```

Quando se assina um evento, a associação de nomes pode ser mais sutil ainda, envolvendo apenas uma parte do nome do evento. No comando seguinte, os eventos `toohot` continuarão sendo reconhecidos mesmo que o parâmetro seja apenas uma parte do nome (`too`):

```
Spark.subscribe("too", soundAlarm);
```

Isso abre a possibilidade de organizar os eventos em famílias com base no nome do evento. Tenha em conta que o tamanho máximo de um nome de evento é 64 caracteres.

Projeto 15. Corda Mágica

Este projeto foi inspirado em um vídeo produzido por Leena VentäOlkkonen, Tobi Stockinger, Claudia Zuniga e Graham Dean, que mostrou como poderia ser feita uma instalação pública que colocaria mapas-múndi em diversas cidades ao redor do mundo. Esses mapas teriam pedaços curtos de corda saindo de orifícios. Cada orifício estaria associado a uma dessas cidades. A ideia é que o público de uma cidade (digamos, Londres) poderia escolher uma corda do mapa para ser puxada e a corda na cidade correspondente (digamos, Nova York) seria recolhida para dentro do mapa, atraindo a atenção de pessoas que estivessem próximo da instalação. Uma troca gentil de puxões de corda poderia ocorrer ao redor do mundo. Você pode ver o vídeo original em *http://bit.ly/1aex7Jk*.

O projeto original foi desenvolvido apenas conceitualmente e nunca chegou a ser construído efetivamente como uma instalação real. Neste projeto, você desenvolverá duas dessas cordas, que poderiam ser colocadas em duas cidades diferentes. Essa poderia ser uma boa maneira de manter contato com parentes distantes.*

As Figuras 8-3 e 8-4 mostram cada uma dessas cordas, vendo-se um dos Photons e seu hardware, além das tentadoras cordas prontas para serem puxadas. O outro Photon está oculto dentro de uma caixa de doce, dando um toque de mistério.

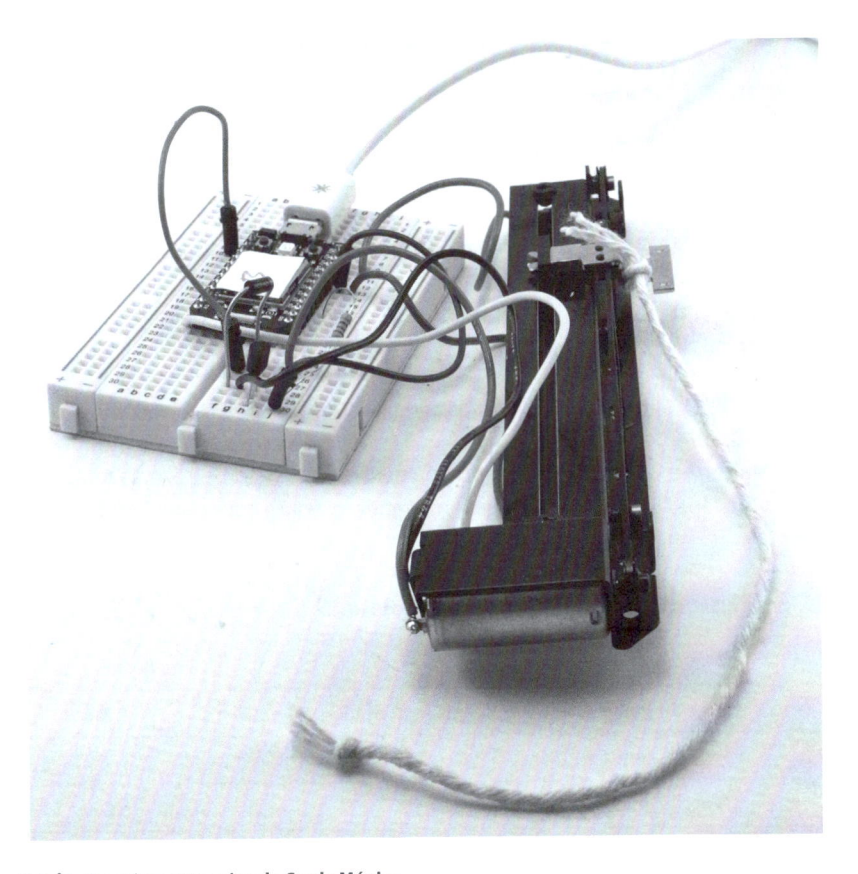

Figura 8-3 >> O projeto sem caixa da Corda Mágica.

---

*N. de T.: Você poderá ver o autor demonstrando este projeto em *https://www.youtube.com/watch?v=-X0YikBPomw*.

Figura 8-4 O projeto com caixa da Corda Mágica.

❯❯ Componentes

Para construir esse projeto, além de dois Photons, você precisará de dois conjuntos formados pelos componentes listados na Tabela 8-1.

Os potenciômetros deslizantes deste projeto são resistores variáveis normalmente usados em mesas automatizadas de mixagem de som. Você pode ajustar o valor do resistor deslizando o seu botão para cima e para baixo ao longo do curso do potenciômetro, mas também há um pequeno motor capaz de fazer esse ajuste movendo o botão com o auxílio de uma correia dentada.

Tabela 8-1 ❯❯ **Lista de componentes para o Projeto 15**

Componente	Descrição	Código no Apêndice A
R1	Potenciômetro deslizante motorizado	M4
R2	Resistor 220Ω	C1
Q1	Transistor 2N3904	C10
D1	Diodo 1N4001	C11
	Fios jumper macho-macho	H4
	Protoboard de tamanho médio	H5
	Fios diversos de conexão	H3

Esses potenciômetros motorizados não vêm com fios conectados aos pinos. Por isso, nesse projeto, você deverá acrescentá-los usando pedaços de fio e um ferro de soldar.

» Software

Em ambos os Photons, é executado exatamente o mesmo software. Você poderá encontrá-lo no arquivo *p_15_Magic_Rope* na biblioteca *PHOTON_BOOK*:

```
int motorPin = D4;           // pino do motor
int potPin = A0;             // pino do potenciômetro

String thisID = Spark.deviceID();
boolean myTurn = true;
int maxPosn = 4000;
int minPosn = 3000;

void setup() {
    Spark.subscribe("pulled", remoteRopePulled);
    pinMode(motorPin, OUTPUT);
    moveSliderTo(maxPosn);
}

void loop() {
    int newLocalPosition = analogRead(potPin);
    if (newLocalPosition < minPosn && myTurn) {
        Spark.publish("pulled", thisID);
        myTurn = false;
    }
}

void remoteRopePulled(const char *event, const char *data)
{
    String dataS = String(data);
    // ignore messages from yourself
    if (dataS.indexOf(thisID) == -1)
    {
        moveSliderTo(maxPosn);
        myTurn = true;
    }
}

void moveSliderTo(int newPosition) {
    while (analogRead(potPin) < newPosition) {
        digitalWrite(motorPin, HIGH);
    };
```

```
    digitalWrite(motorPin, LOW);
}
```

A versão original desse arquivo contém alguns comandos extras que estão precedidos por (//) transformando-os em comentários. Eles podem ser ativados e usados para depurar (debug) o programa quando ele não está funcionando corretamente. Se você precisar usá-los, consulte o programa original para vê-los.

O programa inicia definindo dois pinos que serão usados. O pino A0 é de entrada e serve para ler a tensão de saída do potenciômetro, que será 0V se a corda estiver toda puxada para fora e 3,3V se a corda estiver toda recolhida para dentro.

A variável booleana `myTurn` (Minha vez) é usada para registrar de quem é a vez de puxar a corda. Se o valor de `myTurn` é `true` (Verdadeiro) então é a vez da corda ser puxada neste dispositivo.

Ambos os Photons atuam com `publish` e `subscribe` relativos aos mesmos eventos. Por isso, a variável `thisID` (Este ID) é necessária para que o dispositivo conheça seu próprio `deviceID`. Dessa forma, um Photon pode desconsiderar os eventos que ele mesmo publica, reagindo apenas aos eventos que vêm do outro Photon.

A constante `maxPosn` (Posição máxima) corresponde ao valor analógico da posição do botão do potenciômetro deslizante quando a corda está completamente recolhida. Essa constante recebeu um valor ligeiramente menor (4000) do que o valor teórico máximo (4095) para que haja uma tolerância nas leituras analógicas.

A segunda constante `minPosn` (posição mínima) corresponde ao valor lido quando a corda está recolhida cerca de três quartos do valor máximo. Esse será o limiar abaixo do qual a corda será considerada puxada para fora e um evento `pulled` (Corda puxada) será publicado.

A função `setup` faz a assinatura (`subscribe`) necessária do evento `pulled` associando-o com a função `remoteRopePulled` (Corda remota puxada). Ela também chama a função `moveSliderTo` (mover botão para) para posicionar o botão do potenciômetro na posição correspondente à corda totalmente recolhida, pronta para ser puxada para fora.

A função `loop` lê a entrada analógica para obter o valor corrente de `newLocalPosition` (Nova posição local). Se esse valor for menor do que o valor da constante `minPosn` e se era a vez da corda deste dispositivo ser puxada, então o evento `pulled` é publicado, tendo o valor de `deviceID` como seu parâmetro.

No caso em que a corda foi puxada no outro Photon, a função `remoteRopePulled` (Corda remota puxada) será chamada. Essa função receberá o `deviceID` do dispositivo onde a corda foi puxada, de modo que possa ser comparada com `thisID`, que contém o `deviceID` do Photon que está recebendo a mensagem. Isso é feito pesquisando se a string de caracteres em `thisID` está contida no ID que foi passado nos dados.

Se o evento tiver vindo de um Photon remoto, a corda será recolhida completamente e o valor de `myTurn` (Minha vez) será trocado para `true` (Verdadeiro).

A função `moveSliderTo` (mover botão para) se encarrega de toda movimentação automática do botão (e com isso da corda). Na realidade, a função se limita apenas a recolher a corda, puxando-a *para dentro*. Isso não é um problema porque você só precisa puxar a corda para fora; não há necessidade de empurrá-la para dentro. Cabe à função `moveSliderTo` realizar a tarefa de recolher a corda. A função assume como parâmetro o valor da variável `newPosition`* e mantém o motor acionado enquanto a posição medida do botão do potenciômetro for menor do que a posição desejada (`newPosition`). Quando a posição do botão for maior do que a desejada, o motor é desativado e o botão estará bem para dentro. Consequentemente, a corda estará completamente recolhida.

» Hardware

A disposição no protoboard dos componentes deste projeto está mostrada na Figura 8-5.

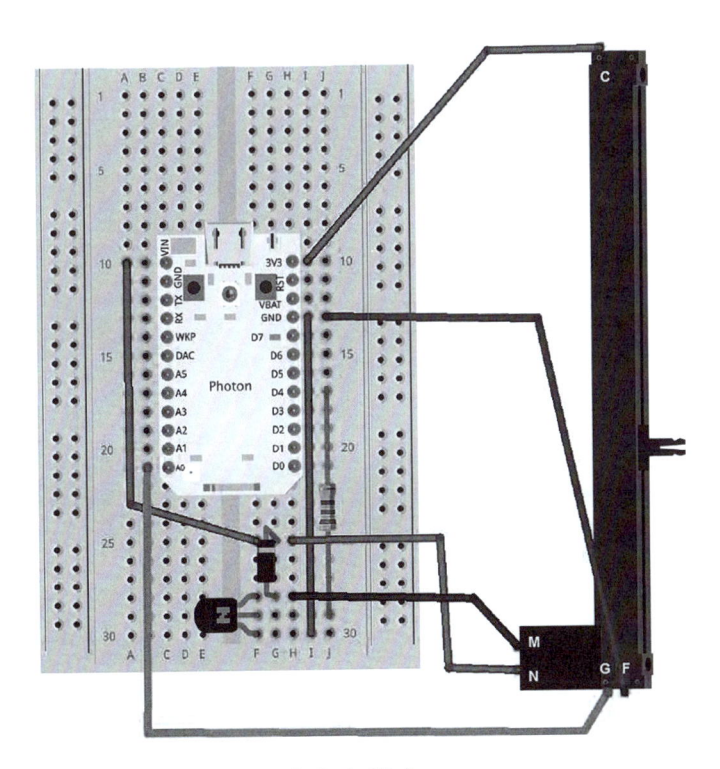

Figura 8-5 » A disposição dos componentes da Corda Mágica.

---

*N. de T.: Lembrando que, quando essa função é chamada, o parâmetro `newPosition` contém o valor de `maxPosn`.

Na realidade, os potenciômetros motorizados são duplos, mas neste projeto só precisamos de um canal. Isso significa que alguns pinos não necessitam de conexão. A Figura 8-6 mostra o potenciômetro motorizado por dentro. Você pode ver o motor em baixo à direita.

Antes de realizar a montagem no protoboard, você deverá soldar alguns fios aos terminais do potenciômetro. Os terminais do motor são facilmente identificados e, na Figura 8-6, correspondem aos terminais M e N. Se você estiver usando o mesmo potenciômetro que eu, conecte um fio vermelho ao terminal que está mais à direita (N) atrás do motor, como na Figura 8-6, e um fio preto ao outro terminal (M). Todos os fios devem ter cerca de 15 cm para facilitar as conexões com o protoboard.

A seguir, faça as conexões do potenciômetro. Orientando-se pela Figura 8-6, conecte um fio vermelho ao terminal C. Esse fio irá aos 3,3V no protoboard. Conecte um fio amarelo ao terminal G. Esse terminal está conectado internamente ao cursor deslizante do potenciômetro e deverá ser conectado ao pino A0 do Photon. Finalmente, conecte um fio marrom ao terminal F, ao lado de G. Esse fio deverá ser conectado ao GND no protoboard.

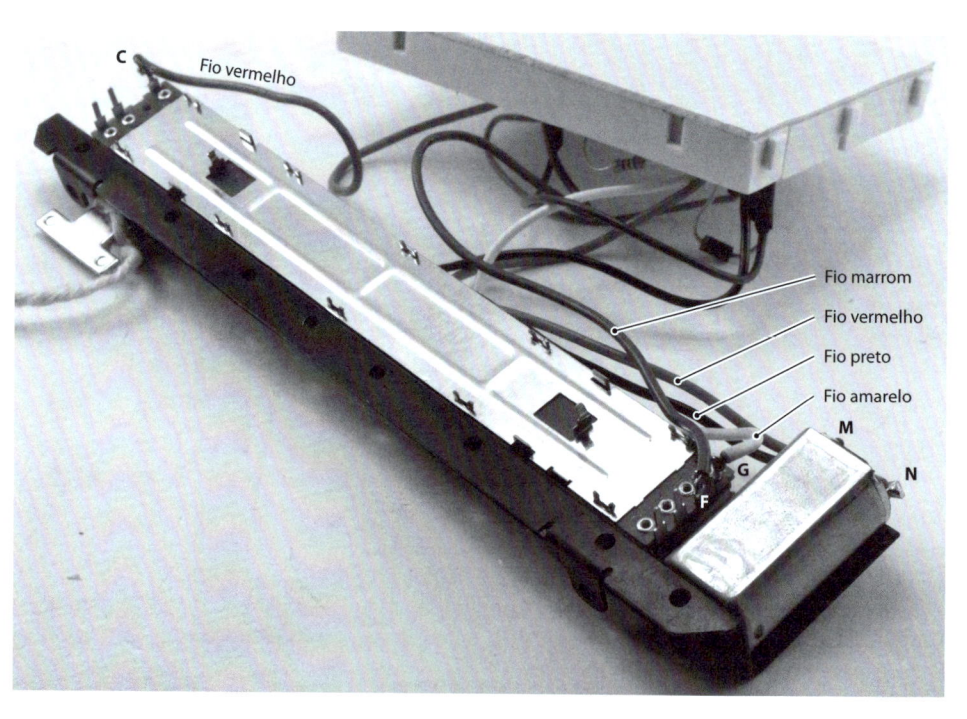

Figura 8-6 >> O potenciômetro motorizado por dentro.

TRANSISTORES

Os motores usados em potenciômetros motorizados consomem até 100mA de corrente. Isso é demasiado para uma saída digital do Photon, cujo limite é 20mA. Para permitir que uma saída digital acione um motor, usaremos um transistor.

A Figura 8-7 mostra o diagrama esquemático do projeto.

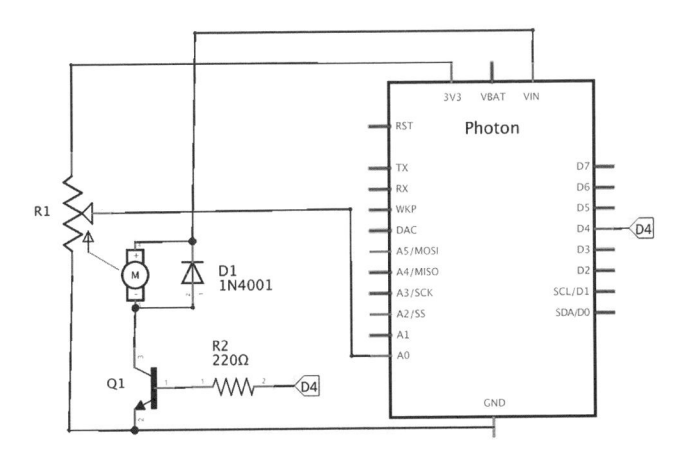

Figura 8-7 ≫ Usando um transistor para controlar um motor.

O transistor (Q1) pode ser visto como um tipo de chave digital que usa uma corrente pequena para controlar uma corrente muito maior.

Quando a saída D4 do Photon está em nível HIGH (elevado), uma pequena corrente circula pelo resistor R2, entra no transistor e chega a GND. Essa corrente, circulando dessa forma, faz com que uma corrente muito maior circule a partir de VIN (5V), passe através do motor e do transistor e chegue a GND.

Finalmente, conecte tudo como se mostra na Figura 8-5, prestando atenção em especial ao transistor e ao diodo e assegurando-se de que eles estão inseridos com a orientação correta no protoboard. Tomando como referência essa mesma figura, observe que o diodo tem uma faixa que está voltada para o lado de cima e o transistor tem um lado abaulado que está voltado para o lado esquerdo.

O acionamento de um motor pode produzir picos de tensão. A função do diodo é proteger o Photon evitando que esses picos o danifiquem acidentalmente.

» Usando o Projeto

Para usar o projeto, ative os dois Photons em ambas as "pontas" da corda mágica. Depois da inicialização dos Photons (luz verde piscando), os motores serão ativados recolhendo ambas as cordas.

Puxe uma das cordas. A seguir, puxe a outra. Quando você fizer isso, a primeira corda voltará a se recolher automaticamente.

Você poderia encontrar uma caixa de madeira para esse projeto e fazer um orifício para a corda sair em um lado da caixa e um orifício para o cabo USB no outro lado (Figura 8-4).

» Resumo

O uso dos comandos `publish` e `subscribe` é muito poderoso, abrindo muitos tipos de possibilidades em projetos colaborativos, nos quais as pessoas podem interagir entre si pela Internet.

Este capítulo é o último contendo projetos. No próximo, diversos tópicos avançados serão abordados.

CAPÍTULO 9

Photon Avançado

Neste capítulo, você conhecerá alguns recursos mais avançados do Photon.

OBJETIVOS DE APRENDIZAGEM

» Configurar um Photon via cabo USB.
» Realizar uma reinicialização de fábrica no Photon.
» Programar o Photon usando o ambiente de desenvolvimento Particle Dev.
» Depurar um programa de Photon usando o Monitor Serial.
» Conhecer o Electron da Particle e sua capacidade de comunicação por GSM.
» Aprender a fazer gerenciamento de energia no Photon.

Configurando um Photon Usando USB

Embora o aplicativo Particle (visto no Capítulo 2) seja uma maneira muito conveniente de configurar um Photon, essa não é a única forma de você passar suas credenciais WiFi a um novo Photon. A conexão USB de um Photon não serve apenas para fornecer energia elétrica; serve também para um Photon se comunicar com um computador.

Com uma conexão USB e um programa de comunicação serial, você poderá passar credenciais WiFi ao Photon. Se você tem um computador Mac ou Linux, você já conta com um utilitário interno (denominado *screen*) capaz de realizar essa comunicação serial USB.

Se você estiver usando Linux ou Mac, abra uma janela de terminal e entre com o seguinte comando:

```
$ screen screen /dev/cu.usbmodem1451 9600
```

Quando selecionar o dispositivo (isto é, *cu.usbmodem1451*), o número no final poderá ser diferente no seu caso. Aperte TAB depois de entrar com *cu.usbmodem* e seu dispositivo será completado automaticamente.

Independentemente de você usar *Putty* ou *screen*, agora você terá uma tela vazia esperando por um comando. Pressione a tecla **|** e você deverá ver uma mensagem como a seguinte:

```
Your photon id is 54ff6f065572524851401167
```

Anote esse número. Esse é o identificador ID do seu Photon. Você precisará dele mais adiante quando você for declará-lo manualmente como sendo um Photon seu.

O outro comando que você pode enviar ao Photon é W (de WiFi), para passar os dados de sua rede WiFi. Portanto, aperte a tecla W e vá completando cada linha fornecendo o SSID, o tipo de segurança (provavelmente WPA2) e, por fim, a senha (Password).

```
SSID: mymobilenetwork
Security 0=unsecured, 1=WEP, 2=WPA, 3=WPA2: 3
Password: mypassword
```

Em seguida, você verá uma série de linhas como abaixo (tradução):

```
Obrigado! Espere cerca de 7 segundos enquanto
eu salvo essas credenciais...

Maravilha. Agora eu irei me conectar!

Se você ver uma luz ciano pulsando, seu Photon
se conectou com a Nuvem e está pronto para prosseguir!
```

USUÁRIOS DE WINDOWS

Se você é um usuário de Windows, você precisará instalar um driver USB para o Photon* e o programa *Putty* de comunicação serial.

No seu desktop, descompacte o arquivo *Spark.zip* do driver em alguma pasta conveniente. Mais adiante, o *Assistente para adicionar novo hardware* será direcionado para essa pasta. Conecte o Photon e, quando for solicitado um driver, vá para a pasta em que você descompactou o driver.

Para se comunicar, usando o programa *Putty*** via USB com seu Photon, inicie a execução do *Putty* e, em seguida, na lista de opções de CONNECTION TYPE (Tipo de conexão), escolha Serial (Figura 9-1).

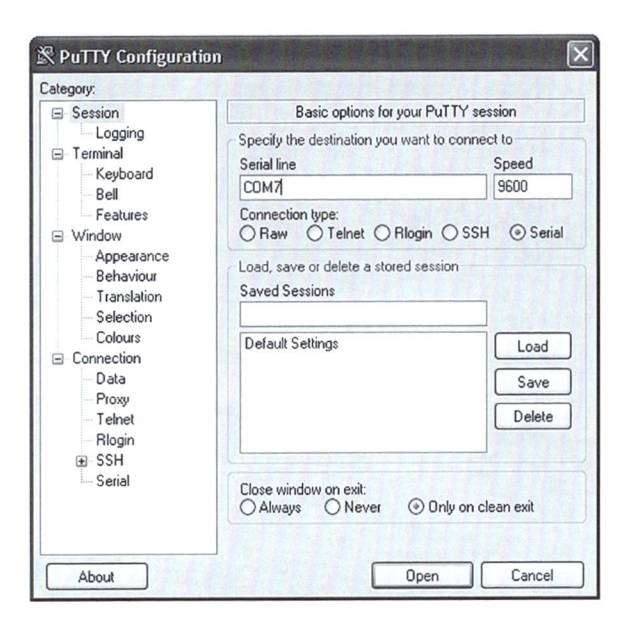

Figura 9-1 >> Configurando o programa Putty.

O Photon provavelmente será atribuído a COM7.

---

*N. de T.: No caso, o arquivo do driver vem compactado com o nome Spark.zip. Você poderá encontrá-lo em *https://s3.amazonaws.com/spark-website/Spark.zip* e há mais informações na página da Particle *https://community.particle.io/t/installing-the-usb-driver-on-windows-serial-debugging/882*.
**N. de T.: Em *https://www.chiark.greenend.org.uk/~sgtatham/putty/latest.html*, você encontrará o programa Putty.

```
Se seu LED piscar com a cor vermelha ou encontrar problemas,
visite https://www.spark.io/support para depurar (debug).
```

Se tudo estiver correto, o Photon deverá se reinicializar sozinho e conectar-se à nuvem Particle. Isso será indicado pelo LED RGB, que estará pulsando lentamente com a cor ciano como se estivesse respirando.

O Photon conseguiu se conectar, mas a nuvem Particle ainda não sabe a quem ele pertence. Portanto, é necessário que você o "reivindique" (CLAIM) declarando que ele pertence a você. Para isso, você deve fazer LOGIN em sua conta Particle e clicar no ícone DEVICES (Dispositivos). Ele tem a forma de uma roda, não a dentada. Serão listados todos os seus dispositivo e aparecerá também o botão ADD NEW DEVICE (Acrescentar novo dispositivo) que deverá ser clicado. Na tela seguinte, você deverá colar o identificador do dispositivo (DEVICE ID) que você copiou antes quando entrou com o comando | (Figura 9-2). Finalmente, clique em CLAIM A DEVICE (Reivindicar um dispositivo) e você poderá fornecer o nome do novo Photon.

Agora, você poderá usar normalmente seu Photon.

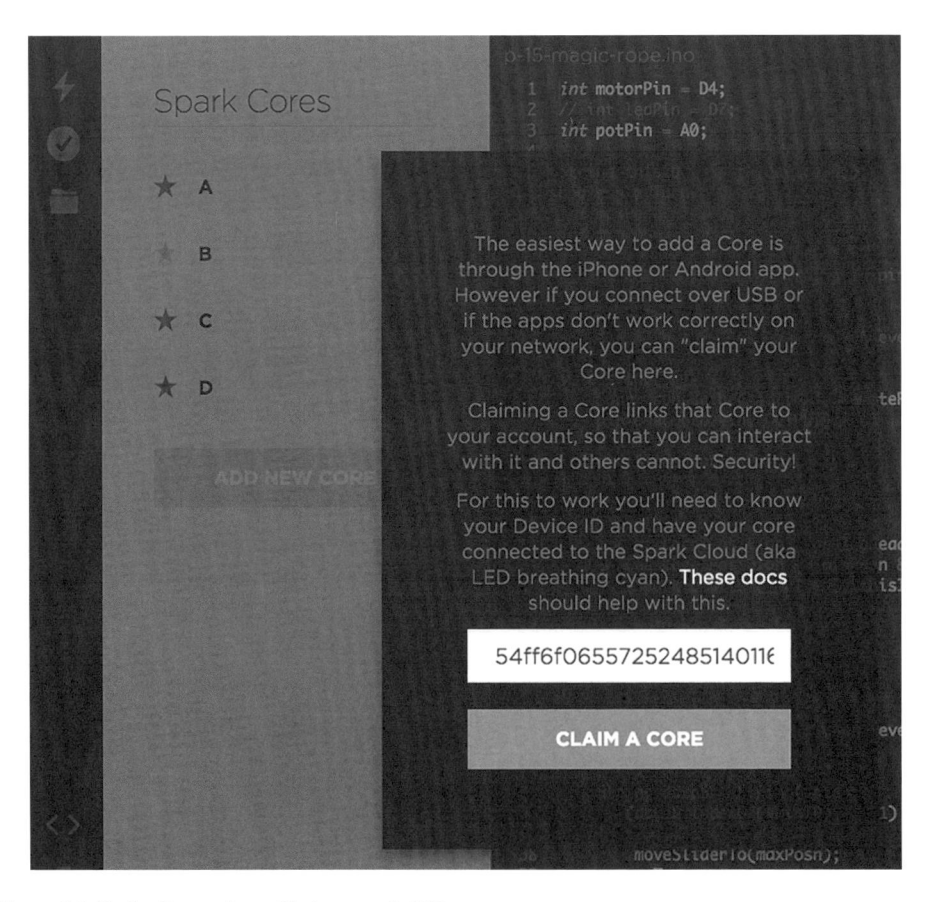

Figura 9-2 >> Configurando um Photon usando USB.

Inicialização de Fábrica

De tempos em tempos, o seu Photon poderá parar de funcionar corretamente e precisará de reinicialização (reset). Muitas vezes, quando você desligar e religar o Photon ou apertar o botão Reset, será feita uma reinicialização automática capaz de sanar muitos desses problemas. Entretanto, se o problema estiver no programa que está sendo executado no Photon, poderá acontecer desse problema impedir a gravação de um novo programa para substituir o anterior. Isso é especialmente comum se você estiver experimentando com o WiFi ou colocando o Photon em modo *sleep* (Adormecido) para economizar energia.

Quando tudo mais falhar, você poderá fazer uma reinicialização completa de fábrica. Para isso, aperte e mantenha pressionado ambos os botões do Photon. Um pouco depois, libere apenas o botão Reset. Haverá um amarelo piscando que depois passará para branco. Quando iniciar o piscar branco, você poderá liberar o botão Setup e aguardar que o Photon faça sozinho a reinicialização completa de fábrica.

Por fim, cessará o pisca-pisca branco e seu Photon deverá se encontrar em seu estado original de fábrica. Agora, você deverá repetir todos os procedimentos para fazer o credenciamento inicial de sua rede WiFi.

Programando um Photon Usando Particle Dev

Eu gosto muito do Web IDE e o considero uma ferramenta apropriada para programar e gerenciar meus dispositivos. A Particle também oferece uma versão desktop do IDE que você pode baixar para seu computador. É o Particle Dev que de diversos modos se assemelha e opera de modo muito similar ao Web IDE.

Quando este livro foi escrito, essa ferramenta ainda não estava totalmente operacional *offline*, porque ainda usava um serviço de nuvem para compilar o programa que estava sendo editado e gravá-lo no Photon. Entretanto, esse é um trabalho em desenvolvimento e a programação totalmente *offline* de Photons através de USB deverá estar disponível no futuro.

Depurando com o Monitor Serial

Quando se usa um dispositivo IoT, como o Photon, pode ser muito trabalhoso e complexo descobrir o que está acontecendo quando as coisas estão dando errado no seu programa.

Um meio de descobrir um erro em um programa é acrescentando a seu código o comando `trace` em locais escolhidos. Nesses locais, esses comandos mandam imprimir algum texto, de modo que você pode saber quando o dispositivo está executando uma dada linha do programa.

O problema é que um dispositivo como o Photon não tem uma tela onde as mensagens poderiam ser mostradas. Entretanto, o que você pode fazer é encaminhar essas mensagens por USB a um aplicativo de terminal, como *Putty* ou *screen*, conforme vimos na seção "Configurando um Photon Usando USB" no início deste capítulo.

Como exemplo, experimente gravar o seguinte programa no seu dispositivo. Você pode encontrar o código no arquivo *ch_09_Trace_Example* na biblioteca *PHOTON_BOOK*:

```
void setup() {
    Serial.begin(9600);
}
void loop() {
    if (Serial.available()) {
        char ch = Serial.read();
        if (ch == '?') {// Verifica se o caractere lido é ?
            Serial.print("Hello millis()=");
            Serial.println(millis());
        }
    }
}
```

Agora abra o aplicativo *Putty* ou *screen* como fizemos na seção "Configurando um Photon Usando USB" no início deste capítulo. Logo que ele se conecta, entre com o caractere ? na janela do terminal. Como resposta, você verá o número de segundos decorridos desde que seu dispositivo foi reinicializado (reset) pela última vez. Pressione a tecla ? novamente para repetir o processo.

```
Hello millis()=101285
Hello millis()=107317
```

Para iniciar a comunicação, use o comando `Serial.begin(9600)` com a taxa de bauds (velocidade de comunicação) de 9600.

A função `loop` verifica primeiro se chegou alguma mensagem do aplicativo *Putty* ou *screen*. A seguir, testa se o caractere recebido é o caractere ?. Em caso afirmativo, o Photon enviará pela conexão serial USB uma string com uma mensagem seguida do valor resultante da chamada da função `millis()`.

A diferença entre `print` e `println` é que `println` acrescenta um avanço para nova linha no final, ao passo que com `print` isso não ocorre, permanecendo na mesma linha.

» O Electron

Um novo produto da Particle é o Electron. Quando este livro foi escrito, ele se encontrava no estágio de projeto da categoria Kickstarter,* que deverá funcionar de forma muito semelhante ao Photon. Em vez de se comunicar por WiFi, o Electron se comunicará por GSM, como em um telefone celular. Isso significa que o Electron poderá ser totalmente móvel. Para mais atualizações e novidades sobre esse interessante dispositivo, visite o site *Particle.io*.

» Gerenciamento de Energia

A comunicação WiFi consome muita energia, com a corrente podendo chegar a 200mA. Isso significa que, com quatro pilhas AA alimentando um Photon, podemos contar com umas 10 horas de funcionamento. Com o WiFi desligado, esse tempo pode ser dez vezes maior antes que as pilhas se descarreguem.

Para prolongar a vida das pilhas, você pode fazer seu Photon "adormecer" (modo sleep) durante um período de tempo definido pelo comando `sleep`.

O comando de sistema `sleep` recebe como parâmetro um número de segundos e desliga o módulo de WiFi do Photon durante esse tempo. Por exemplo, para "adormecer" o WiFi por cinco segundos, você usa o seguinte comando:

```
System.sleep(5);
```

Tenha claro que não é o Photon que foi adormecido, mas sim apenas a parte de WiFi. Há outros comandos que explicitamente ligam ou desligam o WiFi. Lembre-se de que quando o WiFi está desligado, não há maneira de gravar (FLASH) um programa no Photon. É possível que você tenha que fazer uma reinicialização de fábrica se as coisas saírem errado.

---

*N. de T.: Você poderá consultar a web para se informar sobre projetos Kickstart.

Você poderá conhecer as atualizações mais recentes a respeito desses recursos WiFi entrando na página PARTICLE DOCS, em *https://docs.particle.io/reference/firmware/photon*; lá está a documentação da Particle.

>> Resumo

Há muitos outros recursos mais avançados no Photon que deverão esperar por um livro mais profundo. O que vimos aqui foi um livro de introdução ao Photon. Entretanto, depois de dominar o básico, você poderá consultar a documentação da Particle*, que é muito completa e bem escrita. Você também encontrará uma comunidade solícita e bem informada na Comunidade Particle em https://community.particle.io/.

---

*N. de T.: A página *https://docs.particle.io/guide/getting-started/intro/photon/* é um bom ponto de partida.

APÊNDICE A
Componentes

A placa Photon está disponível em diversas empresas fornecedoras de componentes eletrônicos e da própria empresa Particle (A Adafruit e a Sparkfun Electronics são bons fornecedores para hobbystas). Você também encontrará à venda no mercado kits, shields e outros módulos interessantes compatíveis com o Photon.*

---

*N. de T.: O autor está se referindo a fornecedores no mercado internacional. No Brasil, também há diversos fornecedores especializados que podem ser localizados na web.

A maioria dos componentes deste livro está disponível em um kit denominado *Maker's Kit* que pode ser adquirido diretamente da Particle. Esta é a forma mais fácil de obter seus componentes. No entanto, tenha em conta que os componentes oferecidos no *Maker's Kit* podem mudar. Portanto, verifique a lista de seus componentes antes da compra. Os componentes também podem ser adquiridos isoladamente ou como partes de outros kits oferecidos por outros fornecedores. As seções seguintes listam esses componentes e darão algumas orientações para encontrá-los.

Os códigos para cada componente são os códigos usados nas listas de componentes mostradas em cada projeto do livro.

» Componentes Eletrônicos

Mesmo que você não compre o *Maker's Kit* da Particle (que será referido simplesmente como "Kit" no restante deste apêndice), a forma mais simples de comprar um conjunto básico de componentes é adquirindo um kit genérico de eletrônica para iniciantes. No caso de componentes menos comuns, eu incluí nas listas seguintes os seus códigos como disponibilizados na firma Adafruit.

Código	Descrição	Fornecedor
C1	Resistor 220Ω	Kit
C2	LED vermelho	Kit
C3	Chave táctil	Kit
C4	Buzzer	Adafruit: 160
C5	Resistor de 1kΩ	Kit
C6	Fotorresistor (LDR)	Kit
C7	Sensor de temperatura DS18B20 (encapsulado)	eBay, Adafruit: 381
C8	Capacitor de 100nF (0,1uF)	Kit
C9	Resistor de 4,7kΩ	Kit. Incluído em Adafruit: 381
C10	Transistor 2N3904	Adafruit: 756
C11	Diodo 1N4001	Adafruit: 755

» Módulos e Shields

Código	Descrição	Fornecedor
M1	Módulo de relés	Particle.io
M2	Shield PhoBot controlador de robô	Adafruit: 2653
M3	Sensor de distância ultrassônico HC-SR04	eBay
M4	Potenciômetro linear deslizante motorizado (10k)	SparkFun: 10976

» Hardware e Conectores

Código	Descrição	Fornecedor
H1	Adaptador P4 fêmea - borne	Adafruit: 368
H2	Adaptador P4 macho - borne	Adafruit: 369
H3	Fios diversos de conexão	Adafruit: 1311
H4	Fios de conexão (jumper) macho-macho	Adafruit: 758
H5	Protoboard de tamanho médio (400 furos)	Adafruit: 64
H6	Kit de chassis de robô explorador (6V)	eBay. SparkFun: 12866

» Outros

Código	Descrição	Fornecedor
Q1	Fonte de alimentação de 12V e 1A	Adafruit: 798
Q2	Campainha elétrica CC de 12V	Lojas de material elétrico

APÊNDICE B

Códigos Luminosos do LED RGB do Photon

O LED RGB de um Photon usa diferentes cores e velocidades de pulsação para indicar o que está acontecendo dentro dele. Depois de se acostumar com o Photon funcionando, é como se ele demonstrasse seu estado de humor por meio de seu LED.

Sequência de Inicialização (Reset)

Quando você inicializa (Reset) um Photon, ele passa pela seguinte sequência luminosa em seu LED RGB:

1. Azul piscante: Modo de escuta, esperando informações da rede.
2. Azul contínuo: Modo de "Smart Config" completado, informações da rede encontradas.
3. Verde piscante: Conectando-se com a rede WiFi local.
4. Ciano piscante: Conectando-se com a nuvem Particle.
5. Ciano piscante em alta velocidade: *Handshake* com a nuvem Particle.
6. Ciano "respirando" lentamente: Conexão bem sucedida com a nuvem Particle.

Outros Códigos de Status

- Amarelo piscante: Modo de "Bootloader", esperando por um novo código via USB ou JTAG. (JTAG é um tipo especializado de hardware de programação.)
- Pulso branco: Partida, o Photon foi ligado ou inicializado.
- Branco piscante: Inicialização de fábrica iniciada.
- Branco contínuo: Inicialização de fábrica completada; começando a execução de programa.
- Magenta piscante: Atualizando o firmware.
- Magenta contínuo: O Photon pode ter perdido a conexão com a nuvem Particle. Pressionando o botão Reset (RST), ele tentará uma nova atualização de firmware.

Códigos de Erro

Em geral, vermelho piscante indica um problema:

- Dois pulsos vermelhos: Falha de conexão devido a uma conexão ruim de Internet.
- Três pulsos vermelhos: A nuvem está inacessível, mas a conexão com a Internet está funcionando.

- Quatro pulsos vermelhos: A nuvem foi encontrada, mas o *handshake* seguro falhou.
- Amarelo/vermelho piscantes: Credenciais para a nuvem Particle falharam.

Você poderá encontrar mais informações sobre a resolução de problemas desses tipos na página de suporte da Particle ("Support"), em *http://support.particle.io*.

APÊNDICE C

Pinos do Photon

>> O diagrama da Figura C-1 resume os usos dos vários pinos do Photon.

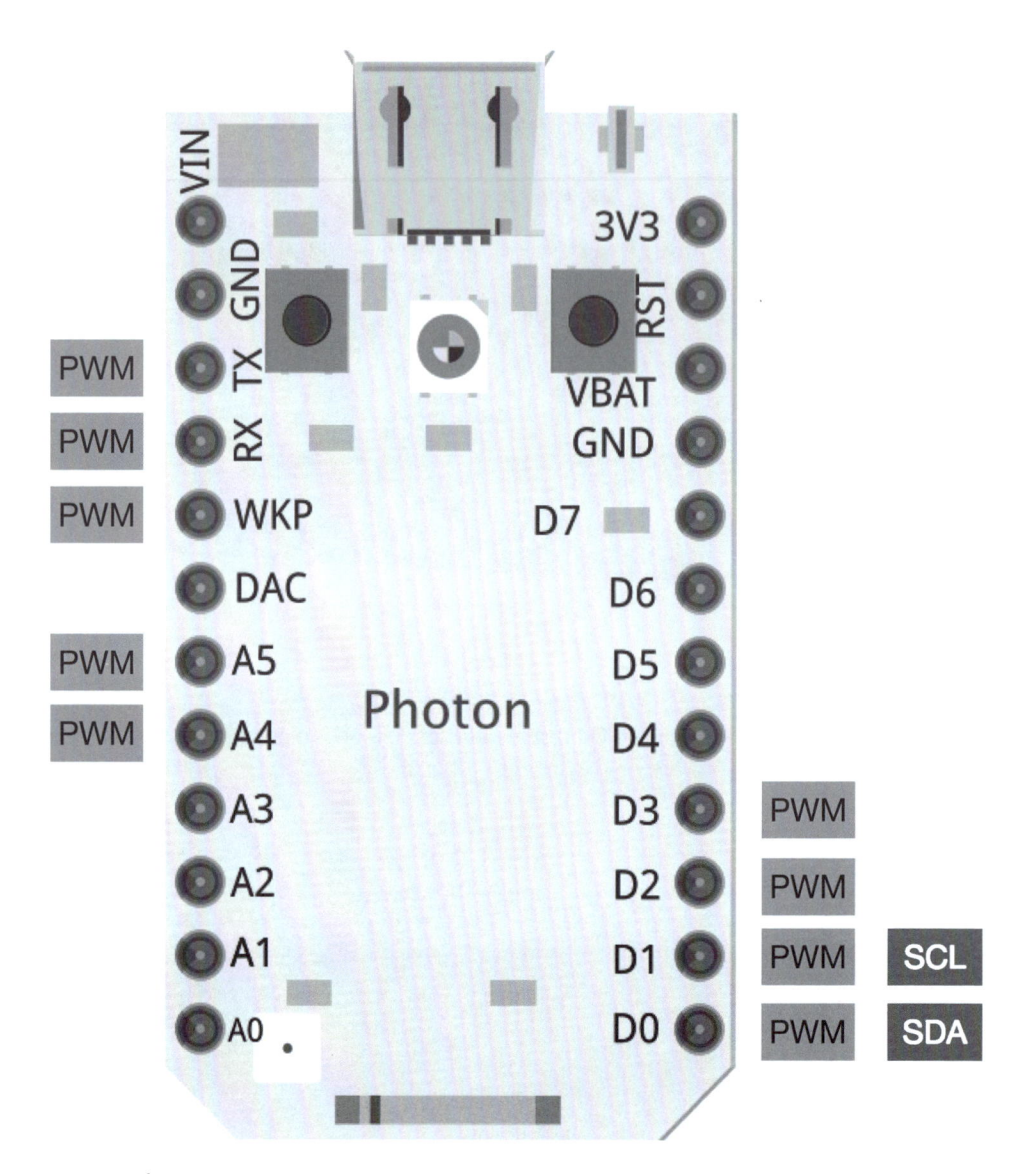

Figura C-1 >> Os pinos do Photon.